Teoría Final de la Luz

Y Búsqueda de Extraterrestres

Russell Eaton

Derechos de autor

Título: Teoría Final de la Luz
Subtítulo: Y Búsqueda de Extraterrestres
Autor: Russell Eaton
Editor: DeliveredOnline.com
ISBN (libro electrónico): 978-1-903339-77-0
ISBN (libro tapa blanda): 978-1-903339-03-9
Esta edición libro tapa blanda: 22 septiembre, 2025

Para cualquier consulta por favor comuníquese con el editor:
Correo electrónico: mailto@deliveredonline.com
Sitio web: www.deliveredonline.com

Imágenes a color

El libro electrónico se dispone en color, pero eso depende del eReader. El libro físico tapa blanda no está impreso a color para así mantener el precio del libro lo más bajo posible. Si lo estás leyendo en blanco y negro y deseas ver alguna imagen a color, ingresa el siguiente vínculo de URL en tu navegador para descargar instantáneamente y gratuitamente todas las imágenes del libro a color:

https://drive.google.com/file/d/12uP-CVDlmLhkn9jmKJqv1Yl1Ofb4r_cS/view

Página de Contenido

*

Prefacio

> *Siempre debemos procurar erradicar la intolerancia y los prejuicios de la ciencia, y siempre debemos estar en guardia cuando influencias tan perniciosas llamen a la puerta.*
>
> *Russell Eaton*

Disculpa del Autor

El autor se disculpa por cualquier sentimiento herido o consternación causado por las revelaciones de este libro. Es comprensible que hablar de que la relatividad einsteniana o la física cuántica sean de alguna forma falsos pueda molestar a algunas personas de la comunidad científica cuya carrera y credibilidad dependen de la veracidad de dicha ciencia. El autor no pretende faltar el respeto.

Para información sobre las imágenes a color, por favor ver la página *'Derechos de Autor'*

*

Introducción

La luz es un fenómeno de la naturaleza verdaderamente maravilloso. En física la luz es un tema bien estudiado, pero existen varios conceptos erróneos sobre su naturaleza fundamental. Algunos misterios sobre la luz continúan desconcertando a los científicos, incluso hoy en el siglo XXI. Pero ahora, en la *Teoría final de la luz,* tales acertijos son resueltos por primera vez. He aqui algunos de los misterios de la luz que se resuelven en el libro:

* Por qué la velocidad de la luz es siempre constante, incluso cuando se mueve dentro de un medio.

* Exactamente cómo la luz transporta información a la Tierra desde partes distantes del universo.

* Por qué todos los fotones del universo son idénticos en todos los aspectos, rompiendo así una idea errónea muy extendida.

* La naturaleza espuria de la llamada 'teoría cuántica de la luz'.

* La longitud-de-onda de la luz determina qué colores vemos, pero ¿por qué? ¿Qué determina exactamente la longitud de las longitudes de onda? Tal misterio está completamente resuelto.

* ¿Es la luz a la vez una onda y una partícula? El misterio de la dualidad de la luz finalmente resuelto.

* Los famosos experimentos de la doble rendija que engañaron al mundo.

* Por qué la luz nunca puede curvar, rebotar ni reflejarse en nada.

(Y mucho más)

El libro te brindará una comprensión fundamental de la naturaleza de la luz como nunca antes, y aprenderás sobre una predicción: *la cámara de video virtual*. Esta predicción está destinada a revolucionar la exploración del Universo por parte de la humanidad.

Un día pronto los humanos podrán obtener grabaciones de video completas (con sonido y color) de planetas y estrellas, como si hubiéramos colocado una cámara de video física en la superficie real de un planeta o estrella. Podremos hacer esto desde la Tierra instantáneamente, sin barreras de distancia. Este libro explica cómo se puede hacer esto y por qué está destinado a alterar dramáticamente nuestro conocimiento del cosmos y nuestra búsqueda de vida extraterrestre.

La física de partículas no ha experimentado avances desde la década de 1970, cuando se completó el modelo estándar de física de partículas. Desde entonces, las teorías utilizadas para describir las observaciones en física no han cambiado. Poco a poco, el modelo estándar de física de partículas se ha vuelto cada vez más obsoleto e inconsistente.

A consecuencia, millones de estudiantes de física hoy están cayendo en callejones sin salida y madrigueras llenas de conceptos equivocados. Eso, a su vez, conduce a carreras arruinadas y a un abandono de la ciencia.

Como lo señaló Charlie Wood y muchos otros *(La física fundamental está en crisis, Quanta Magazine, 12 de agosto de 2024)*, los científicos dicen cada vez más que la física de partículas se enfrenta a una pesadilla de incertidumbre en el que muchos investigadores buscan una nueva dirección en la física.

Hace tiempo que debería haberse producido un cambio monumental a una nueva dirección en la física de partículas. Este libro proporciona ese cambio importante, colocando la física de partículas a una nueva dirección, y a la perspectiva de muchos descubrimientos nuevos e interesantes.

La *Teoría Final de la Luz es* un libro para todos a disfrutar, ya seas o no seas un experto en el tema. El libro está disponible en Inglés (Final Theory of Light & Finding Extraterrestrials) o en español (Teoría Final de la Luz y Búsqueda de Extraterrestres).

*

11

Una breve descripción de la luz.

Cuando vemos luz, vemos corrientes (flujos) de fotones que llegan a nuestros ojos. Cuando la luz es creada, ésta se irradia a todas direcciones, en líneas rectas. Entonces, cuando algunas de esas líneas rectas de luz llegan a nuestros ojos, así es como vemos las cosas. La luz siempre se mueve a la misma velocidad (unos 300 millones de metros por segundo); no desacelera o acelera, no rebota en nada, ni se curva de ninguna manera, y continúa moviéndose indefinidamente a menos que algo se interponga en su camino. Si has oído que la luz se refleja o rebota en las cosas, o que se curva, nada de eso es correcto. A continuación descubrirás la naturaleza verdadera y maravillosa de la luz.

Para mayor claridad, la información se presenta en el libro principalmente en forma de preguntas y respuestas.

*

¿De qué está hecha la luz?

La luz está compuesta enteramente de fotones. Y los fotones están hechos enteramente de electromagnetismo oscilante. Así, la luz consiste de corrientes o flujos de fotones separados que se mueven en líneas rectas en todas direcciones. Se cree ampliamente, aunque erróneamente, que un fotón es una partícula de luz elemental e indivisible. De hecho, un fotón es simplemente una palabra conveniente para referirse a un paquete autónomo de energía oscilante que está separado de otros fotones. Entonces, un fotón es un pequeño campo electromagnético oscilante autónomo. Comenzó a oscilar tan pronto fue creado o emitido, y en cualquier momento dado los fotones de luz habrían oscilado muchos billones de veces sin quedarse nunca sin energía.

Se piensa que una sola oscilación electromagnética representa la partícula elemental de luz, siendo ésta el número cuántico de energía más pequeño conocido en el Universo. Cada oscilación electromagnética representa la energía total de un fotón, pero dichas oscilaciones no son acumulativas. La misma energía básica de una oscilación sigue siendo la energía total de un fotón, por muchos billones de veces que haya oscilado.

Cuando decimos que la luz está formada por corrientes de fotones, en realidad estamos diciendo que la luz está formada por corrientes de pequeños

15

paquetes oscilantes de electromagnetismo. Y cada paquete electromagnético (cada fotón) es autosuficiente - no está unido ni acoplado a otros fotones. Sin embargo, la mayoría de los fotones viajan juntos como una corriente o flujo porque así suelen ser emitidos. Los fotones nunca viajan como parte de una sola onda o como un campo de energía de múltiples fotones.

La prueba de que los fotones no están unidos a una onda o campo de energía es el simple hecho de que una vez emitidos, las numerosas corrientes de fotones se expanden (irradian) hacia afuera en todas direcciones, aunque siempre en líneas rectas. Entonces cuando los fotones se expanden hacia afuera en todas direcciones, se expanden en forma de trillones de fotones separados, muchos de ellos moviéndose con otros fotones separados en flujos separados.

*

¿Cómo es creada la luz?

Cuando un objeto se calienta o se mueve más seguido, sus átomos se excitan, y eso genera electromagnetismo. Entonces la luz se crea a partir de esa excitación. Por ejemplo, al excitar los átomos del sol, o de una bombilla, una llama, una linterna, etc., eso hace que tales objetos emitan luz en forma de fotones.

Técnicamente, la excitación de un átomo también excita a los electrones de dicho átomo. Y tales electrones se responsabilizan por la creación de todos los fotones del Universo. Cada electrón solo es capaz de emitir un fotón a la vez, el cual sale 'disparado' del átomo a la velocidad de la luz. Por supuesto, eso significa que millones de electrones en muchos átomos van emitiendo fotones en todas direcciones, como una esfera de luz en crecimiento.

"El nuevo paradigma de producción de fotones permite la producción y emisión de fotones a velocidades que coinciden con los últimos hallazgos obtenidos mediante la observación de relojes atómicos ópticos. Eso indica que los electrones emiten fotones a cientos de billones de veces por segundo. Esto ha permitido la explicación de la emisión de fotones en todas las ramas de la física …. facilitando su comprensión". Fuente: Dilip D. James, Electricity and Radio waves according to Augmented Newtonian Dynamics, International Journal of Science and Research 13(12):1222-1228.

Entonces, cuando el electrón crea un fotón, lo hace emitiendo un paquete de energía electromagnética que llamamos fotón, y la energía cinética del electrón ayuda a que el fotón salga volando a la velocidad de la luz. La velocidad de la luz está determinada por la tasa universal de oscilaciones electromagnéticas de un fotón.

"Un solo electrón, por su naturaleza, sólo puede emitir un fotón a la vez" (fuente: Profesor Gerhard Rempe, Instituto Max Planck de Óptica Cuántica, Alemania, mpg.de, 2007).

Hay muchas formas de crear luz, y por supuesto recibimos la luz de muchas maneras: una bombilla, una vela, una linterna, una llama, la luz del sol, la luz de las estrellas, etc. Además, la intensidad de energía de luz varía. Por ejemplo, el microondas exige una luz de energía alta, pero la luz visible que vemos a diario es menos intensa. Todo lo que vemos a nuestro alrededor es posible verlo gracias a la existencia de luz procedente de una 'fuente natural', como la luz solar, o de una 'fuente sintética', como una bombilla.

La velocidad máxima y constante de la luz (denominada 'c') está establecida por electrones. Cuando los electrones emiten fotones, siempre son emitidos con la misma cuota de energía electromagnética, en todas partes del Universo. ¿Por qué? Porque cuando el átomo se excita, los electrones desprenden fotones, pero siempre con la misma cuota de energía para cada fotón.

Técnicamente, tal excitación obliga al electrón a que se mueva más cerca al núcleo de su átomo. Al moverse más cerca, el electrón tiene que desprender un exceso de energía, y lo hace en forma de la emisión de un fotón.

Eso garantiza que todos los fotones nazcan con la misma cantidad de energía electromagnética oscilante, estableciendo así su velocidad constante de luz 'c'.

> **Cada fotón del universo es creado en su totalidad por un electrón, y cada fotón es creado de la misma manera.**

*

¿Qué es la luz incidente?

Comprender el significado de la luz incidente es fundamental para la comprensión de la luz. La llamada 'luz incidente' nos llega de todos los objetos que vemos. Es la luz que fue absorbida por un objeto, y luego emitida en forma de luz incidente. Todo lo que vemos a nuestro alrededor en nuestra vida diaria es posible verlo gracias a la luz incidente.

Dado que la luz nunca puede rebotar ni reflejarse, lo que sucede es que la luz es absorbida por las cosas que nos rodean, y luego nueva luz incidente es emitida en su lugar. Se puede pensar que la luz incidente es luz de reemplazo porque toda luz incidente es luz que reemplaza la luz absorbida. Por ejemplo, cuando la luz solar (o de un foco) nos llega, esa luz es absorbida a todo lo que nos rodea, y en su lugar, la luz incidente es emitida. Es decir, la luz absorbida es efectivamente reemplazada por luz incidente.

Cuando la luz es absorbida por un objeto o material, tal luz desaparece para siempre al convertirse en calor y en otras formas de partículas.

Por ejemplo, cuando la luz diurna incide sobre un automóvil rojo, los fotones de la luz diurna son absorbidos por los átomos situados debajo de la pintura roja del automóvil. Luego los electrones en los átomos del automóvil emiten nuevos fotones incidentes. Esos fotones incidentes viajan hasta nuestros ojos y vemos un automóvil rojo. Esos fotones incidentes no están codificados de alguna manera con el color rojo o la imagen de un automóvil, entonces la pregunta es ¿cómo es que vemos un automóvil rojo?

Aquí está la explicación. La luz incidente sale del automóvil rojo en forma de corrientes (flujos) de fotones. Tales fotones van en todas direcciones, pero siempre en líneas rectas. Pero esas corrientes de fotones incidentes salen del automóvil rojo con un tiempo-de-viaje un poco más lento que el tiempo-de-viaje de la velocidad de la luz.

¿Pero por qué? Porque aunque cada fotón incidente se mueve a la misma velocidad constante de la luz, se produce un pequeño intervalo-de-tiempo entre cada fotón que sale del automóvil. Ese intervalo-de-tiempo es causado por el tiempo que tardan los electrones (en los átomos del automóvil) en absorber y luego emitir fotones nuevos.

Eso significa que el flujo de luz incidente que llega desde el automóvil rojo a los ojos tiene un tiempo-de-viaje un poco más lento que la velocidad normal de la luz. Para ser claros, cada fotón como tal no se ralentiza, pero cada rayo entero de luz incidente se ralentiza. A continuación se da una descripción más técnica:

La proporción por la cual la luz es *ralentizada* a raíz de la absorción y emisión de fotones se llama índice de refracción. Y el proceso mismo de absorción y emisión se llama atenuación. Para reiterar, la luz no existe sino como un grupo de fotones que viajan siempre a la velocidad 'c' (la velocidad constante de la luz). Y cuando la luz choca contra algo es absorbida por la primera capa de átomos en el material u objeto con el que se encuentra.

Entonces, la luz incidente es luz 'reconstruida' (es decir atenuada) de acuerdo con las características de los átomos del material que recibe la luz. Algunos materiales tardan más que otros en atenuar la luz.

Más específicamente, los fotones entrantes que chocan contra los electrones en los átomos de algún objeto hacen que tales electrones se sobrecarguen de energía haciéndolos inestables. Cuando eso sucede, los electrones se ven obligados a liberar su exceso de energía en forma de fotones nuevos.

Los electrones tardan un momento pequeño en realizar la absorción y emisión de fotones. Eso pone una distancia física y real entre cada fotón emitido. Esa distancia determina el tiempo de viaje total de un rayo de luz incidente. Cuanto mayor es la distancia entre cada fotón en movimiento, mayor es el tiempo-de-viaje de todo ese rayo de luz. Entonces, aunque todo fotón individual siempre se mueve a la velocidad constante de luz, el tiempo de viaje de un grupo determinado de fotones puede variar. Más sobre ese tema a lo largo del libro.

El punto clave aquí es que todos los fotones del universo son idénticos y cada fotón lleva la misma energía. Cuando un electrón absorbe dicha energía, el electrón liberará un nuevo fotón con exactamente la misma energía a la cantidad absorbida.

Muchos estudios demuestran que es así, como en el siguiente ejemplo:

"Cuando un fotón es absorbido por un electrón, el electrón se energiza haciéndolo cambiar de nivel. Al hacerlo, los electrones del átomo emiten fotones. El fotón se emite cuando el electrón pasa de un nivel de energía más alto a un nivel de energía más bajo. La energía del fotón emitido tiene exactamente la misma energía que el fotón absorbido. Es decir, el electrón pierde el mismo monto de energía recibida al pasar a su nivel de energía inferior" (fuente: Emisión de fotones, Departamento de Física, Universidad Estatal de Kansas).

Volviendo a la luz incidente, se acaba de mencionar que dicha luz, una vez absorbida y emitida, puede tener un tiempo de viaje que puede variar dependiendo de la distancia física entre cada fotón en movimiento en un rayo de luz. La luz absorbida y emitida se denomina "luz incidente" o "luz refractada".

El tipo de material o medio que recibe la luz influye mucho en el tiempo que tardan los fotones en ser absorbidos y luego emitidos en forma de nueva luz incidente. Por eso es que los rayos de luz incidentes varían enormemente, de uno a otro, en sus tiempos-de-viaje.

Hay muchos millones de tiempos-de-viaje diferentes en los rayos de luz incidente, y cada rayo es una mezcla diferente de longitudes de onda. Como se explica en la sección '¿Cómo vemos los colores?', la luz incidente transporta una mezcla de distancias entre los fotones movedizos. Esas distancias son causadas por el tiempo que tardan los electrones en absorber y luego emitir la luz incidente.

La mencionada distancia entre dos fotones movedizos es lo que se denomina longitud-de-onda. Esa longitud-de-onda (es decir, distancia) es la que determina el color que vemos en el cerebro.

Cuando esos millones de rayos de luz incidentes llegan a nuestros ojos desde toda la superficie de un automóvil rojo, por ejemplo, el cerebro mapea todos los detalles del aspecto y color del automóvil, y entonces vemos su color y forma completa.

"Tiene que ver con las partes especiales del ojo llamadas bastones y conos. Esos son los que hacen que el ojo actúe de forma muy parecida a un espectroscópico cuando mide la absorción y emisión de una sustancia" (fuente: K. Sundeen, Espectroscopía, MCEP de la Universidad de Pensilvania).

Entonces, casi todo lo que vemos (árboles, calles, personas, libros, comida, etc.) no es luz directa o luz reflejada, es luz incidente que se produce como resultado de atenuación (la absorción y emisión de fotones que entran y salen) de los objetos que vemos. Esa luz incidente que llega a nuestros ojos en diferentes tiempos-de-viaje nos da un panorama de colores y aspectos de todo lo que vemos. Eso explica cómo la luz nunca rebota ni se refleja en nada.

Para evitar alguna confusión terminológica, la siguiente imagen muestra algunos de los términos usados en la física contemporánea con respecto a la luz:

Columna A	Columna B
Luz incidente	Luz no-incidente
Luz coherente	Luz incoherente
Luz polarizada	Luz no-polarizada
Luz atenuada	Luz no-atenuada
Luz refractada	Luz no-refractada
Luz monocromática	Luz policromática

En esta imagen, las frases en la columna A son intercambiables y todas significan *exactamente* lo mismo. Todas se refieren a un mismo proceso en la que los fotones son absorbidos y emitidos de los electrones dentro de los átomos.

Así mismo las seis frases en la columna B se refieren a *exactamente* lo mismo. Se refieren a luz creada, por ejemplo en el sol o una vela, pero que todavía no ha sido absorbida y emitida de los átomos de algún objeto, material o medio (es decir, es luz desorganizada compuesta de una mezcla de longitudes de onda).

Los muchos términos diferentes en referencia a un mismo fenómeno han surgido gradualmente a raíz de la mala comprensión de la naturaleza de la luz y también debido al *"Gran Malentendido de la Luz"*, como se explica en este libro.

La frase 'luz blanca' suele causar mucha confusión así que aquí va una aclaración. El color blanco, como la pintura blanca o una sábana blanca, se refiere a un color que parece blanco. Pues parece blanco al tener una mezcla igual de rojo, verde y azul. Por ejemplo, si mezcláramos luces rojas, verdes y azules para iluminar un estadio de fútbol, se obtendrá luz blanca, lo que proporciona una buena aproximación a la luz del día. Estos tipos de luz blanca es luz incidente por tener una combinación fija de longitudes de onda (es decir, una 'receta' fija) que da el color blanco.

Pero a veces la luz no-incidente también puede parecer blanca. Por ejemplo, la luz del sol que brilla a través de las nubes puede parecer blanca. O algunos tipos de luz láser o de linterna pueden parecer blancas, pero esa luz es incoherente porque no ha sido atenuada - de ahí la confusión. Más sobre este tema más adelante en el libro.

Para terminar con el tema de la atenuación de la luz cabe mencionar que la tasa de atenuación varía enormemente. La 'tasa de atenuación' se refiere al porcentaje de luz absorbida que llega a ser emitido con éxito en forma de luz incidente.

Por ejemplo, un par de zapatos puede tener una tasa de atenuación del 52%, lo que significa que por cada 100 fotones absorbidos por los zapatos, sólo 52 fotones son emitidos en forma de luz incidente. Los otros 48 fotones absorbidos por los zapatos fueron destruidos o transformados a calor. Un espejo de muy buena calidad puede tener una tasa de atenuación del 99,9%, lo que significa que casi todos los fotones que entran a tal espejo son emitidos en forma de luz incidente. El plomo tiene una tasa de atenuación de casi el 0%, lo que significa que cuando se ilumina el plomo, prácticamente todos los fotones que entran al plomo no renacen en forma de luz incidente (es decir, casi ninguna luz incidente sale del plomo).

En cuanto a los planetas, la situación es similar. La luna tiene una tasa de atenuación del 11%, lo que significa que sólo alrededor del 11% de la luz solar absorbida por la luna es 'reflejada' (atenuada) en forma de luz incidente. En cuanto a la Tierra, es aproximadamente el 30%, para Marte el 25% y así sucesivamente.

El nombre científico dado a la tasa de atenuación mencionada es el 'efecto Albedo de Bond'. A continuación se muestra un gráfico (en inglés) del efecto Albedo de Bond para varios planetas de nuestro sistema solar:

Name ⬍	Bond albedo ⬍	
Mercury[2][3]	0.088	▪
Venus[4][3]	0.76	▬▬▬▬
Earth[5][3]	0.306	▬▬
Moon[6]	0.11	▪
Mars [7][3]	0.25	▬▬
Jupiter[8][3]	0.503	▬▬▬
Saturn[9][3]	0.342	▬▬
Enceladus[10][11]	0.81	▬▬▬▬
Uranus[12][3]	0.300	▬▬
Neptune[13][3]	0.290	▬▬
Pluto[14]	0.41	▬▬
Charon[15]	0.29	▬▬
Haumea[14]	0.33	▬▬
Makemake[14]	0.74	▬▬▬▬
Eris[14]	0.99	▬▬▬▬▬

Source: Bond albedo, Wikipedia.org

Por ejemplo, en este gráfico el efecto Albedo de Bond de la Tierra es 0,306. Eso significa que sólo el 30,6 % de la luz solar absorbida por la Tierra es atenuada y enviada al espacio en forma de luz incidente. El otro 70% de esa luz solar se pierde al calentar la superficie de la Tierra. El planeta Eris (aproximadamente del tamaño de la Luna) gana el día con un efecto Albedo de Bond de 0,99, lo que significa que atenúa casi toda la luz solar recibida debido a que tiene una superficie similar a un espejo.

*

¿Cuál es el tiempo-de-viaje de la luz?

Todo fotón siempre se mueve a la velocidad 'c' de la luz, ya sean fotones incidentes o no-incidentes. Eso plantea la pregunta: *¿Cómo es posible que el tiempo-de-viaje de la luz incidente sea más lento que el de la luz no-incidente?*

A continuación se presenta una 'analogía de dos cuerdas' para explicar cómo el tiempo-de-viaje de la luz incidente puede tardar más que el tiempo-de-viaje de luz no-incidente, tomando en cuenta que ningún fotón puede ir más lento que la velocidad constante de luz.

ANALOGÍA DE DOS CUERDAS

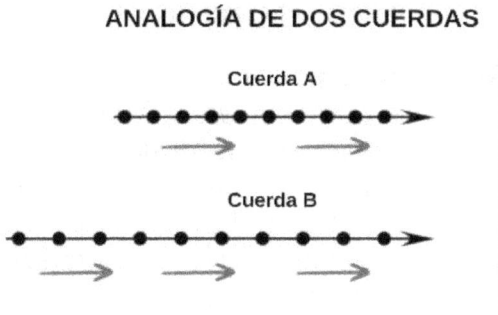

En esta analogía imaginamos dos cuerdas: la cuerda A mide 1 metro de largo y la cuerda B mide 1,5 metros de largo, como se muestra en esta imagen. En la cuerda A hacemos 10 nudos equidistantes. En la cadena B hacemos lo mismo. Cada cuerda representa un rayo de luz, es decir una

31

corriente de fotones. La cuerda A es luz no-incidente. La cuerda B es luz incidente.

Así que tenemos 20 nudos (el total de ambas cuerdas). Cada nudo representa un fotón. Todos los 20 fotones se mueven de izquierda a derecha en la analogía, y van todas a la misma velocidad de la luz c. También imaginamos que hay una línea vertical pintada sobre la carretera, como se ve en la imagen, y que ambas cuerdas se mueven a la misma velocidad c hacia la línea, completamente una al lado de la otra.

A medida que cada cuerda cruza la línea, continúan hacia adelante a la misma velocidad constante de la luz. Es decir, todos los 20 nudos (fotones) continúan a la misma velocidad c, y ambas cuerdas comienzan a cruzar la línea al mismo tiempo.

Pero consideremos la cuerda B (la luz incidente). Es más larga que la cuerda A porque cada nudo (cada fotón) de la cuerda B ha sido absorbido y luego emitido, provocando así un ligero retraso entre cada nudo (entre cada fotón). Por lo tanto, la cuerda B es más larga en comparación a la cuerda A. Y por ser más larga, la cuerda B toma más tiempo en cruzar enteramente la línea sobre la carretera.

Un observador utiliza un cronómetro preciso y muestra lo siguiente:

La cuerda A tardó 3 segundos en cruzar la línea en toda su longitud. La cuerda B tardó 4 segundos en cruzar la misma línea en toda su longitud. La cuerda

B tomó más tiempo porque era más larga. Recuerda que en cada cuerda los 10 nudos son equidistantes.

Para resumir: en ambas cuerdas tenemos un total de 20 nudos (20 fotones), todos viajando exactamente a la misma velocidad c de la luz. Sin embargo, el tiempo-de-viaje de la cuerda B (con 10 fotones) tomó más tiempo en cruzar la línea en comparación a la cuerda A (también con 10 fotones). Entonces, aunque todos los fotones (nudos) en ambas cuerdas viajaron a la misma velocidad c a todo momento, podemos decir que el tiempo total de viaje de la cuerda B fue más largo en comparación a la cuerda A. Al tomar un tiempo-de-viaje más largo, decimos que la cuerda B viajó 'más despacio'.

Esta *analogía de dos cuerdas* ayuda a explicar cómo se puede decir que un rayo de luz atenuada (es decir, refractada) puede viajar más lentamente a pesar de que los fotones en tal rayo no se ralentizaron en ningún momento.

De hecho, prácticamente toda la luz que vemos y recibimos en la Tierra es luz incidente. Es decir, es luz atenuada con tiempo-de-viaje más despacio a comparación del tiempo-de-viaje de luz incoherente no-atenuada.

La diferencia entre la 'velocidad de la luz' y el 'tiempo-de-viaje de la luz' es que la 'velocidad' se refiere a la velocidad de los fotones individuales (es decir, la velocidad 'c'). Mientras que el 'tiempo-de-viaje' se refiere al tiempo que tarda una corriente completa de fotones en viajar de A hasta B.

Ahora que conocemos el significado de 'luz incidente' y 'tiempo-de-viaje' de la luz, aquí va una pregunta, estimado lector: *Cuando la luz viaja a través del agua, ¿recuperará dicha luz su anterior tiempo-de-viaje más corto al salir del agua? ¿Estás listo para la respuesta...?* La respuesta es que cuando la luz sale del agua su tiempo-de-viaje no cambia, no recupera su tiempo-de-viaje anterior a su entrada al agua.

Cuando la luz sale de algún medio como el agua, su velocidad y su tiempo de viaje quedan igual a como estaban dentro del medio

---

La velocidad c de la luz no cambia en ningún momento, ni antes, durante o después de entrar/salir de un medio o material. Los fotones que componen la luz nunca pueden cambiar de velocidad. Pero el tiempo-de-viaje de la luz sí cambia a consecuencia de su atenuación en algún medio homogéneo como el agua, la atmósfera, el polvo o un líquido. Como ya se explicó, la atenuación (absorción/emisión) de los fotones mientras están en un medio como el agua genera un pequeño intervalo-de-tiempo entre cada fotón movedizo en un rayo de luz.

Esa atenuación permanece fija e inmutable en la corriente o flujo de fotones, incluso después de salir del agua y nunca cambiará a menos que los fotones sean atenuados otra vez o sean destruidos. Si los fotones que salieron del agua son analizados en un espectroscópico, por lo general tendrán un espectro de color azul. Eso se debe a un intervalo-de-tiempo muy pequeño entre cada fotón movedizo debido a que las moléculas de agua están muy juntas.

En la física ese intervalo muy pequeño se denomina 'onda corta' porque la longitud de la onda es corta a raíz de la distancia corta entre cada fotón movedizo.

Para mayor clarificación, cuando los fotones viajan de átomo a átomo dentro del agua, los fotones son absorbidos y luego emitidos por cada átomo. Cuando el fotón es emitido del átomo, el fotón viaja una distancia muy corta hasta el siguiente átomo (una distancia de espacio vacío dentro del agua de aproximadamente 0,31 nm) y el proceso se repite. A consecuencia se establece un intervalo-de-tiempo de atenuación muy corto entre los fotones que viajan a través del agua; eso explica por qué solemos ver el color azul en el agua.

Nota: cuando los fotones en el agua viajan a través del mencionado espacio vacío dentro del agua (de átomo a átomo) siempre se mueven a la velocidad constante c de la luz. Por eso podemos decir que la velocidad de la luz (pero no el tiempo-de-viaje de la luz) no disminuye ni cambia cuando los fotones se mueven a través de un medio.

"La velocidad de la luz nunca cambia, ni por ejemplo en el agua. La luz se detiene por un momento en cada átomo y realiza una breve visita. De átomo a átomo la luz se mueve a la velocidad

habitual de la luz c" (fuente: ¿Cómo se ralentiza la luz?, space.com, julio 2023).

Existe una idea errónea muy extendida en los textos escolares sobre este asunto. Aquí va un ejemplo: *"El color azul del agua proviene de las moléculas de agua que absorben el extremo rojo del espectro de la luz visible. Para ser aún más detallado, la absorción de luz en el agua se debe a la forma en que los átomos vibran y absorben diferentes longitudes de onda de luz".*

Lo antes citado es incorrecto en todo. Las moléculas de agua no absorben luz en absoluto, pero los electrones de los átomos de las moléculas de agua sí absorben luz. Además, cuando dichos electrones absorben luz, no absorben 'el extremo rojo del espectro'. Más bien absorben la energía del fotón entrante y luego emiten un fotón de reemplazo (un fenómeno de atenuación bien conocido por la ciencia). Por último, pero no menos importante, las moléculas podrán vibrar por cualquier razón, pero cualquier vibración no hace que las moléculas puedan absorber 'diferentes longitudes de onda de luz'.

Esa y otras declaraciones similares en los libros académicos reflejan el malentendido muy extendido sobre la naturaleza fundamental de la luz.

*

¿Cuál es la frecuencia de luz?

Ésa es la pregunta más importante (y la más malentendida) cuando se trata de comprender la verdadera naturaleza fundamental de la luz. Una vez que se comprenda la naturaleza de la frecuencia de luz, casi todo lo demás relacionado a la luz encaja. Entonces lo que sigue es una descripción de la frecuencia de luz.

Nota: Es importante para la buena comprensión que no se llegue a esta página en frío y que se haya leído las páginas anteriores hasta este punto.

Hemos dicho que en general, la luz incidente tiene un tiempo-de-viaje más largo que la luz no-incidente. También, que cada rayo de luz incidente tiene su propio (y único) intervalo-de-tiempo entre sus fotones movedizos. Ese intervalo-de-tiempo determina la distancia física y real entre los fotones movedizos, y se conoce como la 'longitud-de-onda' en física óptica. Y esa longitud-de-onda determina la llamada 'frecuencia' de un rayo de luz determinado.

En breve, el intervalo-de-tiempo (es decir, espacio o distancia físico) entre los fotones movedizos determina la frecuencia de luz. Intervalos de tiempo más largos equivalen a una frecuencia más larga. Intervalos de tiempo más cortos equivalen a una frecuencia más corta. Piensa en la palabra *frecuencia* como si fuera una forma abreviada de decir *"la concentración de fotones en un rayo de luz"*. Es más conveniente decir simplemente "frecuencia".

Entonces, la frecuencia no es más que la concentración (la densidad o cantidad) de fotones en la luz. Y esa concentración de fotones está determinada por el intervalo-de-tiempo (espacio o distancia físico) entre cada fotón movedizo. La secuencia de eventos va así: atenuación → intervalo-de-tiempo → longitud-de-onda → concentración de fotones → frecuencia.

El modelo estándar de la física en cuanto a la frecuencia de luz está descrito así:

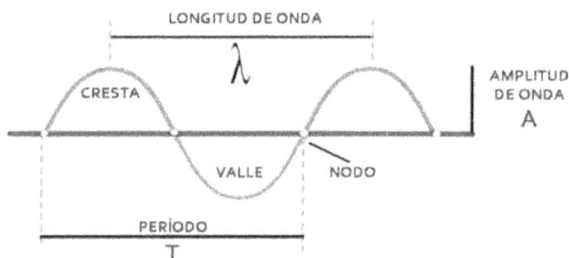

En esta imagen la línea ondulada muestra como el modelo estándar de la física prefiere representar la frecuencia de luz. Esa representación es totalmente artificial: se trata de una construcción humana creada en un espectroscópico para ayudar a los científicos a interpretar los resultados del análisis de la luz.

Longitud-de-onda: Eso se mide de cresta a cresta y representa un ciclo completo de una onda. Es decir, la longitud-de-onda representa el espacio (distancia) entre cada fotón movedizo. Tal espacio es

38

creado por la atenuación promedio aplicable a un rayo de luz dado. Entonces la longitud-de-onda representa la distancia entre cada fotón en un flujo dado de fotones.

La frecuencia de luz: Eso se refiere a la cantidad de crestas de ondas (es decir, el número de fotones) que pasan por el equipo de espectroscopia en un segundo de tiempo. En otras palabras, la frecuencia mide la concentración de fotones en un rayo dado de luz. Mientras más larga sea la longitud-de-onda, menor será la concentración de fotones. Y mientras menos larga la longitud-de-onda, más será la concentración de fotones.

Vale la pena leer los dos párrafos anteriores (longitud y frecuencia) una segunda vez: brindará una mejor comprensión de la luz a comparación de muchos estudiantes de física óptica.

Los términos frecuencia y longitud-de-onda son algo intercambiables ya que la frecuencia es determinada por la longitud-de-onda. Cuanto más largo es el intervalo-de-tiempo entre los fotones movedizos, más larga es la longitud-de-onda, lo que hace que el patrón ondulado se aplane. Cuanto más corto es el intervalo-de-tiempo entre fotones, más corta es la longitud-de-onda, lo que hace que el patrón ondulado se agrupe más.

Por lo mencionado anteriormente, se apreciará que un solo fotón no puede tener una longitud-de-onda y que la longitud-de-onda se refiere al espacio (distancia) entre fotones movedizos, no a los fotones mismos. Y ese espacio está determinado por los intervalos de tiempo entre los fotones movedizos, causado por su atenuación.

"Los fotones son partículas discretas que tienen una determinada cantidad de energía, pero no una longitud-de-onda porque no son ondas" (fuente: Gregory A. Davis, ¿Luz, onda o partícula? Fermilab, Departamento de Energía de EE. UU.).

Hemos dicho que el intervalo-de-tiempo entre fotones movedizos está determinado por el tiempo que tardaron los fotones en ser absorbidos/emitidos (la atenuación). Esa atenuación varía enormemente de rayo a rayo, dependiendo del tipo de objeto, medio o material que produjo la luz incidente.

Cabe mencionar que la atenuación de luz también puede ser inducida artificialmente. Por ejemplo, los equipos de radio inducen intervalos de tiempo largos (longitudes de ondas largas) y los equipos de rayos X inducen intervalos de tiempo cortos (longitudes de ondas cortas).

Debemos tener en cuenta que la frecuencia de luz depende completamente del grado de lentitud en su tiempo-de-viaje. En un espectroscópico, mientras más lento es el tiempo-de-viaje de un rayo de luz, menos es su frecuencia. Y mientras más rápido sea el tiempo-de-viaje de un rayo de luz, mayor será su frecuencia.

El objetivo principal de un espectroscópico es calcular la frecuencia de luz. Está diseñado para analizar la luz incidente recibida y calcular la densidad o concentración de fotones en tal luz. Eso se hace de forma indirecta, ya que ningún espectroscópico sería capaz de contar millones de fotones mientras pasan a través del espectroscópico a la velocidad de la luz.

Cuando un espectroscópico recibe luz incidente, coge una muestra de dicha luz para establecer la frecuencia. A medida que la luz pasa por un punto fijo en un espectroscópico, 'captura' la cantidad de luz transcurrida durante un segundo. Esa muestra de un segundo de fotones se canaliza a través de un prisma o una rejilla dentro del espectroscópico para establecer el espectro de color de dicha luz. Y el espectro de colores indica la frecuencia. El espectro de colores de la luz está enteramente determinado por la densidad de los fotones de la luz. Y la densidad está completamente determinada por los intervalos de tiempo entre cada fotón movedizo.

Entonces, el intervalo-de-tiempo entre los fotones movedizos es lo que determina la frecuencia, y el intervalo-de-tiempo también corresponde a un espectro de color particular. Es decir, el espectro de color de un rayo dado de fotones revela su frecuencia. Cada frecuencia está asociada con su propio color, como se muestra en la siguiente imagen:

ESPECTRO ELECTROMAGNÉTICO

TIPO DE RADIACIÓN	ONDAS DE RADIO	MICROONDAS	INFRAROJO		ULTRAVIOLETA	RAYOS X	RAYOS GAMMA

LONGITUD DE ONDA

30 nm   1 mm   10 nm   0,1 nm

LUZ VISIBLE

700 nm   600 nm   500 nm   400 nm

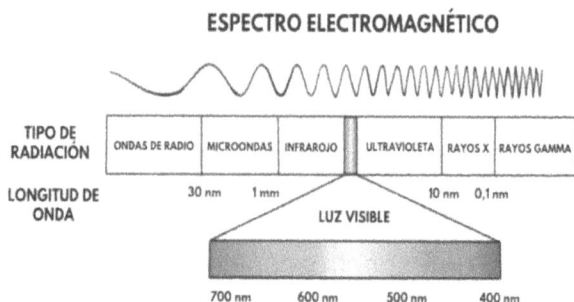

Esta imagen muestra las diferentes frecuencias de la luz, conocidas como espectro electromagnético. Por ejemplo, las longitudes de onda de los rayos X o de los rayos gamma son muy cortas, es decir, tienen intervalos de tiempo muy pequeños entre sus fotones movedizos y, por tanto, distancias muy pequeñas de cresta a cresta. A consecuencia, las ondas están mucho más agrupadas en comparación a las ondas más largas, como por ejemplo las ondas de radio.

*

¿Cuál es la amplitud de la luz?

La llamada 'amplitud' de la luz no existe como algo real, es enteramente un concepto matemático. Como se explicó en la sección anterior, el movimiento de la luz a menudo se representa como una línea ondulada con crestas y valles. Pero la imagen de una línea ondulada es simplemente una forma esquemática de explicar ciertos aspectos de la luz. No representa el movimiento en sí de la luz.

Los espectroscópicos están diseñados a poder analizar ciertas características de la luz y dar los resultados en forma de números digitales. Pero para ayudar a los científicos a comprender tales resultados, los espectroscópicos también pueden traducir los números digitales a una línea ondulada creada artificialmente. Tal patrón de ondas se puede ver a través de una apertura en el espectroscópico o en la pantalla de una computadora. Aquí se ve una imagen de dicha línea ondulada en la que también está señalada la amplitud de la luz:

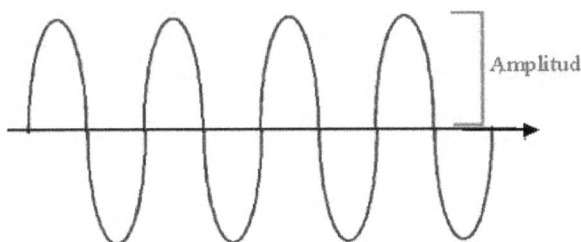

Amplitud

En esta imagen la amplitud representa la mitad de la altura total de una onda desde la cresta hasta el valle. Cuanto mayor sea la amplitud, más agrupadas y más altas serán las ondas. Cuanto más corta sea la amplitud, menos agrupadas y menos altas serán las ondas. Imagina que sujetas cada extremo de una línea ondulada y la extiendes abriendo los brazos: eso allanará las líneas onduladas y reducirá la amplitud.

El concepto de la amplitud de luz ha surgido porque es una forma conveniente de referencia en cuanto a la concentración de las ondas. En lugar de decir *'las ondas están muy amontonadas'*, es más preciso decir *'la amplitud mide X'*. El valor numérico de X da una medida de hasta qué punto están agrupadas las ondas.

También, la amplitud indica indirectamente la distancia de cresta a cresta que a su vez, indica la frecuencia. Y sabiendo la frecuencia (la densidad de fotones), se puede saber el color asociado con tal frecuencia. En fin, la amplitud también puede indicar la frecuencia.

Por tanto, la amplitud de la luz no se refiere a ningún tipo de propiedad física real de la luz. Simplemente se refiere a un concepto matemático de calcular la frecuencia de luz, basándose en una línea ondulada ficticia creada artificialmente por un espectroscópico.

*

¿Cómo se mueve la luz?

Aunque los científicos no pueden ver directamente cómo se mueve realmente la luz, se cree que se mueve en forma de una vibración sinusoidal, una especie de patrón de vibración basado en el electromagnetismo de los fotones. Eso fue propuesto por primera vez por James Maxwell (1831-1879) al comprender el movimiento seno y coseno de la electricidad y el magnetismo que actúan juntos para impulsar a la luz hacia adelante.

Aquí se ve una foto de Maxwell tomada delante de una pintura de fondo:

La siguiente imagen muestra la interacción oscilante entre el campo eléctrico y el magnético que forman un fotón de luz.

Oscilación del
campo eléctrico

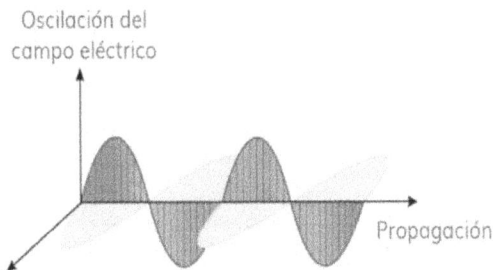

Propagación

Como ya se comentó, un fotón es un pequeño paquete de energía electromagnética (energía EM). Es bien conocido en la física que la energía EM se produce a partir de un cambio en el campo eléctrico que provoca un cambio en el campo magnético un poco delante de ella. Eso a su vez provoca un cambio en el campo eléctrico un poco delante de ella y así sucesivamente. Ese cambio auto-propagante entre los campos eléctricos y magnéticos se conoce como 'oscilación electromagnética'. Esa oscilación es lo que impulsa al fotón hacia adelante a la velocidad c de luz.

A medida que la electricidad y el magnetismo de un fotón oscilan, se renuevan mutuamente y pueden continuar indefinidamente a la velocidad de la luz. Lo sorprendente es que el fotón no pierde energía; el fotón se propaga completamente a sí mismo.

El movimiento sinusoidal de los fotones se asemeja más a una vibración que a un patrón ondulado de crestas y valles. Cada oscilación es una vibración. Y aunque los fotones avanzan con una vibración sinusoidal, siempre se mueven en línea recta, irradiando a todas direcciones, como se muestra en la siguiente imagen:

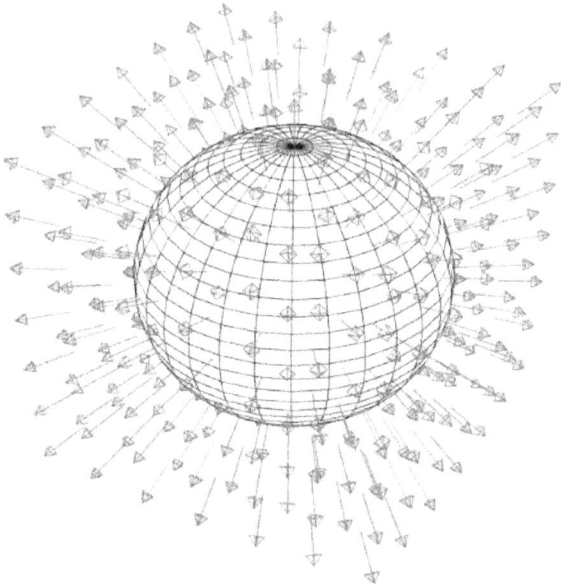

Si la luz proviene de una fuente enfocada, como una pistola de luz, una linterna o una lámpara halógena, la luz se expandirá a todas direcciones, pero será más parecida a la cara creciente de un cono.

Hemos mencionado que los espectroscópicos pueden capturar muestras de luz para un análisis detallado. Cuando la luz pasa por un punto fijo en un espectroscópico, típicamente se toma una muestra de un segundo a medida que pasa la luz. Como ya se mencionó, ese muestreo de un segundo se canaliza a través de un prisma o rejilla dentro del espectroscópico para establecer el espectro de color y otra información.

Los resultados del espectroscópico que surgen de un muestreo de un segundo se pueden mostrar en varios formatos.

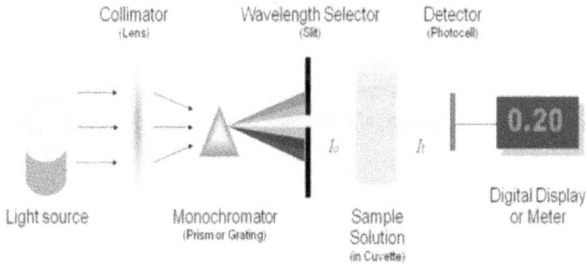

Collimator
(Lens)

Wavelength Selector
(Slit)

Detector
(Photocell)

I_0

I_t

0.20

Light source

Monochromator
(Prism or Grating)

Sample
Solution
(in Cuvette)

Digital Display
or Meter

Esta imagen (en inglés) muestra una pantalla digital (a la derecha de la imagen), pero también se puede crear artificialmente un patrón ondulado a ser visto en una apertura de visualización de un espectroscópico (o pantalla de computadora). Eso ayuda a los científicos a comprender lo que están mirando. El patrón ondulado con crestas y valles que se ve en los espectroscópicos es enteramente una construcción humana artificial: no muestra la luz en sí, ni cómo se ha movido realmente la luz recibida.

En resumen, cuando vemos luz, estamos mirando a muchos millones de fotones que se mueven en línea recta a todas direcciones. Cuando algunas de esas líneas rectas van a nuestros ojos, esa es la luz o color que realmente vemos.

Cuando la luz se mueve, no puede frenar, acelerar o detenerse. Además, la luz nunca puede curvar y nunca puede rebotar ni reflejarse en nada. Sólo puede seguir moviéndose en línea recta a la velocidad constante de luz (unos 300 millones de metros por segundo, denominada 'c' en física).

*

¿Por qué es constante la velocidad de la luz?

La velocidad c de la luz es constante debido a la *ley de conservación de la energía*. Toda luz está hecha de fotones movedizos y nada más. Cuando la luz se genera de una fuente por primera vez (bombilla, vela, sol, etc.), significa que el calor de la fuente ha sobre-energizado los electrones dentro de los átomos de la fuente de luz.

Todos los electrones del Universo son idénticos entre sí, independientemente del tipo de átomo que los albergue. Por tanto, el nivel de tolerancia (de estar sobre-energizado) es el mismo para todos los electrones. En otras palabras, cuando los electrones están sobre-energizados, todos absorben exactamente la misma cantidad de exceso de energía ya que los electrones son idénticos en todas partes.

Cuando los electrones son sobre-energizados se vuelven inestables y se ven obligados a deshacerse de su exceso de energía casi inmediatamente, liberando dicha energía en forma de fotones nuevos. Entonces todos los electrones, independientemente del tipo de átomo, absorberán y luego emitirán exactamente la misma cantidad de energía para así volver a su estado anterior de energía. Eso asegura que el átomo se mantenga con su nivel estable de energía (la *ley de conservación de la energía*). Si no fuera por eso, los átomos se volverían inestables, se desintegrarían, y adiós a toda vida en el Universo.

Entonces, cuando los fotones son creados por electrones, significa que todos los fotones son generados con la misma cantidad de energía y, de hecho, todos los fotones del Universo son idénticos entre sí en todos los sentidos. El excedente de energía del electrón que se utiliza en la creación de un fotón le da al fotón un golpe inicial de energía que lo envía fuera del átomo a la velocidad de la luz.

Ese 'golpe de energía' inicial es suficiente para iniciar una oscilación eléctrica en el fotón que a su vez genera una oscilación magnética. Entonces, cuando ocurre la oscilación eléctrica del fotón, se agota toda la energía eléctrica al transferir su energía al magnetismo. Eso permite que el magnetismo oscile y, al hacerlo, transfiere así mismo su energía a la oscilación eléctrica. Entonces las dos mitades del fotón (la mitad eléctrica y la mitad magnética) se auto-propagan: se renuevan entre sí 'saltando' una sobre otra en lo que se conoce como movimiento transversal. Ese movimiento transversal es lo que hace que el fotón avance.

Dado que todo electrón es idéntico, significa que todos los fotones son creados iguales, con exactamente el mismo monto de energía oscilante. Eso asegura que todos los fotones oscilan a la misma velocidad, lo que hace que todos los fotones del Universo se muevan a la misma velocidad constante de luz "c" (también denominada 'velocidad invariante' de luz).

Nota: Las oscilaciones electromagnéticas de los fotones tienen todo que ver con galvanizar su movimiento hacia adelante y no tienen nada que ver con la energía de la luz. No existe ninguna relación entre las oscilaciones de luz y la energía de luz.

Los físicos han estado desconcertados durante muchos años sobre la velocidad constante de luz sin tener una buena explicación. La llamada *teoría ondulatoria de luz'*, basada en conceptos falsos de cómo se mueve la luz, está muy arraigada en la física contemporánea, y a consecuencia ha impedido comprender cómo se comporta la luz y por qué la velocidad de luz es siempre constante. Ahora por fin comprendemos por qué exactamente es constante la velocidad de luz, tal como se revela en estas páginas.

*

¿Cuál es la energía de la luz?

La energía total de un fotón es la energía de una sola oscilación de un fotón. Eso no significa que con cada oscilación el fotón gane más energía. Más bien, significa que con cada oscilación el fotón mantiene la misma cantidad de energía, denominada 'constante de energía' de luz'. Se calcula que la energía de cualquier fotón es muy, muy pequeña, apenas 6,6 julios. Debido a eso, la forma habitual de referencia en cuanto a la energía de luz se basa en la densidad de fotones (efectivamente, la cantidad de fotones) que pasan a través de un espectroscópico en un segundo. Eso se explica más detalladamente a continuación.

> Todo fotón del Universo es idéntico y, por tanto, tiene la misma cantidad de energía, es decir, 1 hercio (aproximadamente 6,6 julios).

Nota: Los llamados 'julios' es como medimos la energía del calor. He aquí una analogía: un julio es como una taza medidora, y los fotones son como el líquido (energía) que llena la taza. La taza (julio) no está hecha de líquido (fotones), pero puede usarse para medir la cantidad de líquido (energía).

El componente fundamental del calor es un tema algo controvertido debido a confusión semántica. Se dice que el calor no está compuesto de fotones porque el calor se refiere al movimiento de los átomos dentro de un objeto, y percibimos ese movimiento como calor. Pero, fundamentalmente, ese movimiento de los átomos sobreexcita los electrones dentro de ellos, provocando que estos emitan fotones. Tales fotones son los que percibimos como calor. Por lo tanto, es totalmente correcto afirmar que todo tipo o grado de calor está compuesto de fotones.

Todos tipos de luz (desde las ondas de radio hasta las ondas gamma) viajan a la misma velocidad de la luz. La velocidad está determinada por la velocidad universal a la que oscila la electricidad y el magnetismo de un fotón. Entonces todos los fotones tienen la misma tasa de oscilación, y por tanto se mueven a la misma velocidad c de luz.

Además, todos los **tipos** de luz comprenden la misma radiación electromagnética. Y tal radiación se mueve en forma de corrientes o flujos de fotones. Por **'tipos'** eso se refiere por ejemplo a la luz solar, luz de linterna, los rayos X, las ondas de radio, etc. Todos ellos contienen los mismos fotones idénticos. La única diferencia entre los distintos tipos de luz es el intervalo-de-tiempo entre sus fotones movedizos, es decir, la frecuencia. Cada tipo de luz tiene su propia medida de frecuencia como ya se comentó.

Aquí va una pregunta, estimado lector: *¿Todos los fotones del Universo tienen la misma cantidad de energía?* Mientras lo piensas, aquí tienes la misma pregunta formulada de forma diferente: *¿Pueden los fotones individuales tener diferentes cantidades de* *energía? ¿Estás listo?* Aquí va: A la primera pregunta la respuesta es SÍ, todos los fotones tienen la misma cantidad de energía. A la segunda pregunta la respuesta es NO, fotones individuales no pueden tener diferentes cantidades de energía.

'En un haz de luz de cierta potencia, el haz transportará una cantidad correspondiente de energía (en forma de fotones) en un tiempo dado, y eso está relacionado con la densidad de los fotones.' Fuente: Densidad de fotones, Fibercore.humanetics.com.

En breve, la energía de luz se relaciona con la densidad (cantidad) de fotones en un rayo de luz determinado. Dado que cada fotón transporta la misma cantidad de energía, la energía de luz no está determinada por la cantidad de energía transportada por cada fotón, sino por la concentración total de fotones en un rayo de luz dado.

Muchos libros de física y artículos de investigación afirman que los fotones pueden tener diferentes fuerzas de energía. Tal tema está lleno de confusión y malentendidos. ¿Por qué? Porque los términos 'ciclo de onda', 'longitud-de-onda' y 'frecuencia' suelen malinterpretarse. Y, de hecho, la propagación de luz tampoco se ha comprendido correctamente.

Simplemente, la energía de luz está determinada por la concentración de fotones en dicha luz. En otras palabras, la densidad de los fotones determina la fuerza de energía en los diferentes 'tipos' de radiación electromagnética. Y la densidad de fotones se define como la frecuencia de los fotones que pasan por un espectroscópico en un segundo de tiempo. Por ejemplo, los rayos X tienen mucha más energía que los rayos de luz diurna porque tienen una densidad de fotones mucho mayor (una frecuencia más alta) en comparación a los rayos de luz diurna.

Es evidente que sólo existe un tipo de luz. Cuando se hace referencia a 'diferentes tipos de luz', se debe entender que eso se refiere a 'diferentes frecuencias de luz'. Y recuerda que la frecuencia de luz se refiere al intervalo-de-tiempo (es decir la distancia física) entre los fotones movedizos en un rayo de luz.

Para que quede claro, un fotón de rayos X tiene la misma energía que un fotón de luz diurna o un fotón de ondas de radio. Pero por ejemplo, los rayos X tienen una densidad (es decir, frecuencia) de fotones mucho mayor a la luz del día. La alta densidad de fotones en los rayos X se logra mediante el uso de equipos de muy alto voltaje que disparan una gran cantidad de fotones en un período de tiempo muy corto, como disparar fotones de una ametralladora; esa concentración es lo que les da a los rayos X una energía muy alta.

Si examinas un solo fotón sin conocer su fuente, se vería exactamente igual a cualquier otro fotón. En otras palabras, todos los fotones son iguales en todos lados.

Además, sólo existe un tipo de energía fundamental en el Universo. En física la energía se define como la fuerza que hace que las cosas se muevan. Entonces, en ese sentido, sólo hay un tipo de energía, y a un nivel fundamental esa energía se basa en fotones. Por ejemplo, la electricidad es un flujo de electrones moviéndose a lo largo de un cable. Tales electrones se mueven mediante energía de voltaje. Y la energía de voltaje surge de los fotodiodos que a su vez surgen del movimiento de fotones.

En física, cualquiera que sea el tipo de energía, si se profundiza lo suficiente se descubre que los fotones están a la raíz de la energía de una forma u otra.

*

¿Cuál es el gran malentendido sobre la luz?

Como se mencionó, las oscilaciones electromagnéticas de los fotones hacen que la luz avance a la velocidad c de la luz. En otras palabras, las oscilaciones electromagnéticas hacen que los fotones se muevan de forma sinusoidal vibrante, aunque siempre en línea recta. Cada oscilación es una vibración. Pero de ello *no sigue* que las oscilaciones electromagnéticas de los fotones determinen la energía o la frecuencia de luz, de ahí el gran malentendido.

Así mismo, tampoco sigue que la luz se mueva en forma de 'ondas de luz', es decir, en forma de campos de energía con múltiples fotones acoplados. La teoría-ondulatoria-de-luz (nacida del gran malentendido) postula que todos los fotones de una onda de luz oscilan a la misma tasa y que cualquier perturbación a una parte afectará a toda la onda de luz,

La teoría-ondulatoria-de-luz tiene mucha dificultad en explicar la frecuencia de luz dada su postulación de un vínculo falso entre la tasa de oscilaciones electromagnéticas y la frecuencia. Es así porque en la física contemporánea cada vez se comprende más y más que las oscilaciones electromagnéticas no tienen nada que ver con la energía o la frecuencia de luz.

En resumen, surge un gran malentendido al hacer una asociación falsa entre las oscilaciones electromagnéticas y la frecuencia de luz. Eso conlleva a otras creencias erróneas, como la creencia en una dualidad de luz partícula/onda, y un concepto erróneo de la frecuencia de luz. Una vez que se reconoce el gran malentendido y se lo descarta, será de gran ayuda en comprender la verdadera naturaleza de la luz.

Fundamentalmente, el gran malentendido está en postular que la distancia recorrida por la luz durante una oscilación electromagnética es igual a una longitud-de-onda. Ese error fatal en la comprensión de luz dio lugar al gran malentendido que se describe en estas páginas. Las oscilaciones EM (electromagnéticas) no tienen nada que ver con la longitud-de-onda y, por tanto, nada que ver con la frecuencia de luz.

Como sabrás al leer este libro, la longitud-de-onda es la distancia física y real entre dos fotones movedizos. La frecuencia se describe a base de la cantidad de longitudes-de-onda que ocurren en un segundo cuando la luz pasa a través de un espectroscópico.

Entonces la frecuencia es la concentración de longitudes-de-onda, que es lo mismo que decir la concentración de fotones. Cuanto más pequeñas sean las longitudes-de-onda (las distancias entre fotones), mayor será la concentración de fotones en un rayo de luz determinado. La longitud-de-onda está completamente determinada por la velocidad a la que los electrones pueden liberar (crear) fotones uno tras otro. Las oscilaciones electromagnéticas de los fotones tienen todo que ver con el movimiento de luz y nada que ver con la longitud-de-onda o la frecuencia de luz.

En resumen, la diversidad de fuerzas (montos) de energía en la luz proviene de la cantidad de fotones concentrados en un rayo de luz, ya que la energía de cada fotón es igual. Si los intervalos de tiempo entre fotones movedizos son pequeños, entonces lógicamente la concentración de fotones en un rayo de luz será más numerosa y la energía del rayo de luz será más alta. La frecuencia está determinada por la longitud-de-onda, es decir, la distancia física y real entre dos fotones movedizos, en un rayo de luz determinado. Todo fotón es igual en todas partes del Universo, por lo que cualquier fotón individual tendrá la misma energía que cualquier otro fotón.

*

Contradicción insuperable

Una contradicción insuperable que surge en la teoría-ondulatoria-de-luz se trata de la frecuencia. Se postula que tal frecuencia es determinada por la tasa de oscilaciones electromagnéticas. Y que la tasa de oscilaciones también determina la energía de la luz.

Está bien establecido en la física contemporánea que un electrón sólo puede emitir un fotón de la misma energía al que absorbió. Entonces, independientemente del tipo de material o medio, el fotón incidente emitido siempre tendrá la misma energía que el fotón absorbido. Eso asegura que todos los fotones tengan la misma energía electromagnética, y por lo tanto, que se muevan a la misma velocidad de la luz en todas partes del Universo. Efectivamente, la velocidad constante universal de luz está determinada enteramente por los electrones.

La contradicción insuperable que enfrenta la teoría ondulatoria es la siguiente. Dado que los electrones siempre liberan fotones que tengan la misma energía de los absorbidos, eso significa que la velocidad (la tasa) de las oscilaciones electromagnéticas no cambia. Y dado eso, si la tasa de oscilaciones no cambia, ¿entonces cómo se puede postular que cada onda de luz tenga su propia cuota de energía diferente a base de la tasa de sus oscilaciones? En fin, no hay relación entre la energía de luz y sus oscilaciones electromagnéticas.

Recordemos que la teoría ondulatoria dice claramente (y erróneamente) que la tasa de oscilaciones electromagnéticas determina la frecuencia. Es decir que la tasa de oscilaciones determina el color que se ve.

Pero está bien comprobado científicamente que la tasa de oscilaciones del fotón no cambia al ser atenuado. ¿Entonces si la tasa de oscilación determina el color que vemos, cómo explica la teoría ondulatoria que sea posible ver el color rojo al mirar a un automóvil rojo? Esa es la contradicción.

Esa contradicción insuperable seguirá siéndolo mientras se considere que la energía y la frecuencia (y la longitud-de-onda) están determinadas por la tasa de oscilaciones electromagnéticas.

Nota: Los electrones individuales pueden tener temporalmente diferentes cantidades de energía, pero no los fotones. También los electrones libres pueden tener más energía. Un material con electrones de alta energía, como cristales y ciertos químicos no-metálicos, atenúan fotones más rápidamente. Eso produce intervalos de tiempo corto entre los fotones emitidos, y eso a su vez aumenta la energía y la frecuencia de un flujo determinado de fotones.

Cuando se dice que los electrones siempre liberan fotones de la misma energía a los absorbidos, puede causar confusión porque artificialmente se puede forzar a que los electrones emitan *fotones de muy alta energía* (superiores a los fotones recibidos o absorbidos). Por ejemplo, los láseres y las máquinas de rayos X pueden hacer eso. La confusión surge con la frase "*fotones de muy alta energía*". Esa frase no significa que cada fotón de un rayo esté dotado de alta energía (un malentendido común). Más bien significa que los rayos de fotones, digamos de un láser o una máquina de rayos X, tienen una mayor concentración de fotones (los fotones son más numerosos y más agrupados).

Se revisa brevemente los siguientes temas en cuanto al gran malentendido:

1. La breve historia que dio lugar al malentendido.
2. Experimentos de la doble rendija.
3. Teoría ondulatoria contemporánea de la luz.

*

La breve historia que dio lugar al malentendido

En 1665, el físico italiano Francesco Mario Grimaldi (1618 a 1663) descubrió el fenómeno de la difracción de la luz y señaló que se asemeja a un comportamiento ondulatorio. Al no comprender del todo la naturaleza de la refracción y difracción de la luz, nació la creencia falsa de la teoría-ondulatoria-de-luz. Unos años más tarde, Christiaan Huygens creía que la luz estaba formada por ondas que se propagaban perpendicularmente a la dirección de su movimiento. Hoy día se sabe que las oscilaciones electromagnéticas realmente funcionan haciendo un movimiento perpendicular entre sí, impulsando así la luz hacia adelante en forma de movimiento sinusoidal vibratorio. Pero de ello no sigue que las oscilaciones electromagnéticas determinen la energía o la frecuencia de luz.

Ese malentendido fue agravado aún más por el mencionado Christiaan Huygens en 1678 cuando dijo que la luz es una onda longitudinal que hace que sus fotones oscilen en fase entre sí, es decir, que todos los fotones de una onda están oscilando juntos a la misma velocidad. Huygens basó su teoría ondulatoria en la existencia de un éter misterioso y omnipresente a través del cual viajaba toda forma de luz.

Luego, en 1803, Thomas Young inició los llamados *experimentos de doble rendija* que mostraban (aunque falsamente) que la luz se movía en forma de ondas y no en forma de corrientes de fotones separados. Tales experimentos concretaron la creencia ondulatoria y el vínculo entre la frecuencia de luz y sus oscilaciones electromagnéticas.

Cien años más tarde, la teoría ondulatoria clásica de la luz quedó firmemente establecida en la física cuando Albert Einstein afirmó en 1905 que la luz poseía una dualidad de características de partícula y onda. Eso dio mucho crédito a la teoría-ondulatoria-de-luz a partir de entonces. Es muy posible que Einstein y otros estuvieran convencidos de la veracidad de los experimentos de doble rendija de la época.

La confusión en la mente de Einstein queda demostrada por el hecho de que fue uno de los primeros en plantear la hipótesis de que la luz está hecha de partículas. Pero luego cambió de opinión diciendo que la luz también es una onda. Luego relaciona la intensidad de la luz con el número de fotones en un haz, lo cual es correcto. Pero entonces estipula que la frecuencia de luz está determinada por la cantidad de energía que lleva cada fotón, lo cual es incorrecto.

Cuando los científicos aparentemente ven características ondulatorias de luz, tales características pueden explicarse fácilmente comprendiendo la verdadera naturaleza fundamental de la luz expuesto en este libro.

*

70

Experimentos de la doble rendija

La creencia en la veracidad de la teoría ondulatoria se ha visto enormemente impulsada por los llamados experimentos de doble rendija. Dichos experimentos consisten en dirigir un haz de luz hacia una lámina de metal con dos rendijas, como se muestra en la siguiente imagen:

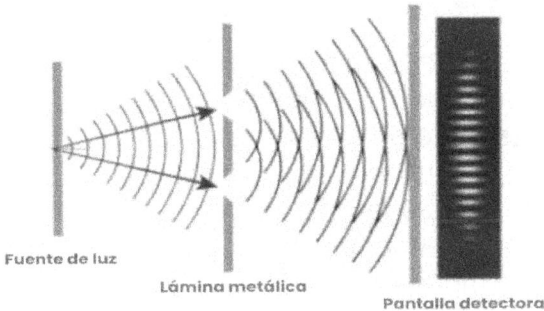

Fuente de luz

Lámina metálica

Pantalla detectora

La pantalla que se muestra a la derecha de la imagen es un detector de fotones en la que se ven más fotones en el medio que a los lados. El enigma es que cuando la luz pasa a través de las dos rendijas alineadas a los lados, los fotones sin embargo impactan con más frecuencia en el centro de la pantalla del detector. ¿Cómo puede ser esto?

Los defensores de la teoría ondulatoria se apresuran a decir que la luz pasa a través de cada una de las dos rendijas en forma de onda, y ya atravesado cada rendija, la onda se recompone y se expande de modo que hay dos ondas en expansión que se dirigen hacia la pantalla.

Cuando eso sucede, se afirma que cada flujo de ondas se superpone (que las ondas se interfieren entre sí), enviando así más fotones al centro de la pantalla del detector de fotones. Se argumenta que eso muestra que la luz debe viajar como ondas porque si la luz hubiera viajado simplemente como corrientes de fotones en líneas rectas (ya sea con movimiento vibratorio sinusoidal) no llegarían al centro de la pantalla con mayor preponderancia.

¿Será así el asunto? Dado que la fuente de luz (a la izquierda en la imagen anterior) dispara una corriente de fotones, estas avanzan en forma de un cono en crecimiento. La cara del cono entonces llega a todas las partes de la lámina de metal que se muestra en el centro de la imagen, y entonces los fotones empiezan a pasar por las dos rendijas. Así, el escenario que tenemos equivale a dos linternas, cada una de las cuales brilla a través de cada rendija (como si hubiera dos fuentes de luz separadas).

Es decir, cada rendija se convierte en una fuente de luz separada, y cada rendija crea su propio cono de luz creciente que se dirige hacia la pantalla del detector. Mientras eso sucede, los dos conos crecientes se sobrepasan y eso pues resulta en una mayor preponderancia de fotones que llegan al centro de la pantalla.

Hay dos factores a considerar para explicar el malentendido de los experimentos de doble rendija.

Factor uno: refracción y difracción. A medida que los fotones viajan desde la fuente de luz hasta la pantalla del detector se refractan con el aire y con las particiones circundantes (paredes, piso y techo) del ambiente experimental. Eso sucederá antes y después de que la luz atraviese las dos rendijas.

El aire por ejemplo contiene principalmente oxígeno y nitrógeno, y pequeñas cantidades de otros gases como dióxido de carbono, neón, hidrógeno y vapor de agua. Todos esos componentes del aire sirven para atenuar (absorber y luego emitir) nuevos fotones en todas direcciones. Eso a su vez ayuda a difundir las corrientes de fotones a todos lados a medida que viajan a través del aparato o ambiente experimental.

En cuanto a la difracción, cuando los fotones atraviesan cada rendija, muchos de los fotones se difractan sobre el filo o labio de la rendija. He aquí un diagrama explicativo:

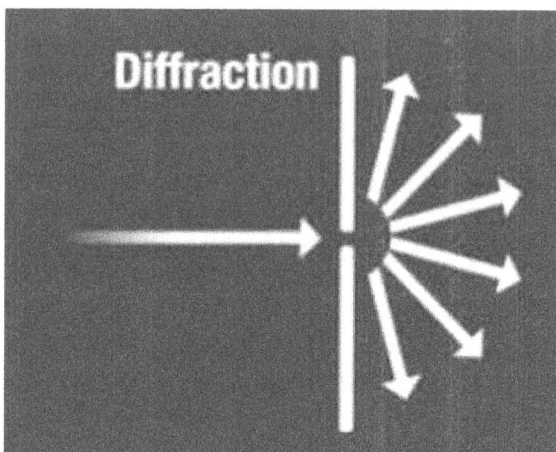

La diferencia de la difracción (en comparación a la refracción) radica en que, cuando los fotones se absorben en el borde (el labio o filo) de la rendija por la que pasan, se emiten nuevos fotones las cuales van a todo ángulo (véase la nota siguiente). Es decir que los fotones salientes al otro lado de la rendija no van a un ángulo específico, sino que van a todos lados

Nota: La difracción se produce de acuerdo a la llamada *'Ley de Snell'*. Esta explica cómo y por qué los fotones emitidos lo hacen a ciertos ángulos. Se menciona otra vez la Ley de Snell más adelante en el libro.

Por lo tanto, cuando los fotones atraviesan las dos rendijas, no lo hacen a un ángulo de propagación particular. Al pasar por cada rendija se van ampliando en forma de dos conos nuevos de luz que avanzan hacia la pantalla del detector. Mientras lo hacen, los dos conos en crecimiento se sobrepasan, enviando así la mayoría de los fotones hacia el centro de la pantalla.

Es muy probable que en el apogeo de los experimentos de doble rendija en los siglos 19-20 no se apreciaba plenamente la ciencia de refracción y difracción, induciendo así malas conclusiones, conllevando a creer falsamente que la luz se mueve en forma de campos ondulatorios de múltiples fotones acoplados.

Segundo factor: la atenuación en láminas de metal. Los experimentos de doble rendija solían usar láminas de metal para la incorporación de las dos rendijas. La creencia era que el metal no absorbería ni emitiría nuevos fotones a un nivel significativo para no interrumpir el experimento. Ahora se sabe que no es así porque una lámina de metal (a menos que sea de plomo o uranio) puede atenuar hasta el 70% de los fotones recibidos. Y cuando eso sucede, la luz refractada viajaría a todos los lados de las áreas encajonadas del experimento a ser refractado aun varias veces más, contribuyendo en gran medida a la mezcla de fotones que van en todas direcciones.

Al no apreciar estos dos factores, muchas personas han llegado a creer que los experimentos de doble rendija comprueban la teoría-ondulatoria-de-luz, y que la luz tiene una dualidad simultánea de ser onda y de ser partículas de fotones separados. ¡Ambas cosas a la vez! Esos experimentos de doble rendija han servido para consolidar el mencionado gran malentendido de la luz.

*

Teoría ondulatoria contemporánea de la luz

Recordemos que la luz no está hecha de corrientes de partículas, sino de corrientes o flujos de paquetes de energía. La teoría ondulatoria contemporánea dice que esas corrientes de fotones (paquetes de energía) viajan juntos en forma de campos de energía con múltiples fotones, todos oscilando al mismo ritmo. Tal campo de energía electromagnética se conoce como 'onda de luz' (en inglés: lightwave o light-wave). Además, como ya se dijo, se postula equivocadamente que la energía de luz surge de su tasa de oscilaciones electromagnéticas.

El modelo estándar de la física dice correctamente que la radiación de la luz puede variar en su intensidad de energía. Como se mencionó, el espectro ElectroMagnético (EM) representa una amplia gama de muchos tipos de radiación EM, como por ejemplo ondas de radio, microondas, luz infrarroja, luz ultravioleta, rayos X, rayos gamma y otros. Todos esos tipos de radiación están formados por corrientes o flujos de fotones, todos idénticos entre sí. Lo único que diferencia a los diferentes tipos de radiación EM es el intervalo-de-tiempo (es decir, la distancia) entre los fotones movedizos.

Una corriente de fotones en la llamada 'onda de radio' tendrá intervalos de tiempo más largos entre sus fotones movedizos a comparación con los intervalos de tiempo en una corriente de rayos X.

77

Como ya se explicó, los intervalos de tiempo (las distancias) entre los fotones movedizos es lo que determina la longitud-de-onda, y pues la frecuencia de luz. Entonces, la frecuencia de luz está determinada por la densidad o concentración de fotones en una muestra de luz determinada.

Pero la actual teoría-ondulatoria-de-luz no está de acuerdo con eso. Se considera que la frecuencia de luz está determinada por la velocidad de oscilaciones electromagnéticas de los fotones de luz. Se considera que la tasa (velocidad) de las oscilaciones electromagnéticas se establece en el momento en que se crea la luz y, a partir de ese momento, la tasa de oscilaciones no cambia hasta que la luz sea absorbida o destruida. Por tanto, se dice que las ondas de luz son creadas con diferentes velocidades de oscilación electromagnética según cómo se creó o como se emitió la luz.

Como ejemplo, consideremos cómo se crean los rayos X. Como se mencionó, una máquina de rayos X está diseñada para usar electricidad de alto voltaje para producir una ráfaga de fotones en rápida sucesión para dar una alta frecuencia. Esa alta frecuencia (es decir, densidad) de fotones es lo que les da a los rayos X alta energía. La producción de los rayos X no afecta ni se relaciona con la tasa de oscilaciones electromagnéticas de cada fotón.

"Una radiografía es un paquete de energía electromagnética (fotones) que se origina en la nube de electrones de un átomo. Esto generalmente es

causado por cambios de energía en un electrón, que pasa de un nivel de energía superior a uno inferior, provocando que el exceso de energía se libere en forma de fotones". (fuente: Rayos X, Agencia Australiana de Protección Radiológica y Seguridad Nuclear).

"Toda radiación electromagnética se compone de fotones, que son paquetes individuales de energía. La velocidad a la que un haz entrega energía está determinada por el número de fotones en cada rayo de energía." (fuente: Capacitación en seguridad radiológica para rayos X analíticos, Western Kentucky University, EE. UU.).

Entonces, la alta energía de los rayos X surge de la alta concentración de fotones en los rayos. Esa alta concentración de fotones se denomina alta frecuencia. Pero la teoría ondulatoria postula que la frecuencia de luz surge de la tasa de las oscilaciones electromagnéticas de los fotones. Eso contradice la manera en que se producen los rayos X o cualquier otro tipo de radiación electromagnética.

Cuando adherentes de la teoría ondulatoria se enfrentan a esta contradicción, dicen que cuando las máquinas producen rayos X, producen ondas de fotones múltiples con altas tasas de oscilación electromagnética. Y que a su vez produce fotones acoplados en ondas de alta energía. En la física nunca se ha encontrado evidencia de fotones unidos o acoplados de alguna manera.

No se puede escapar de la mencionada contradicción incontrovertible que enfrenta la teoría-ondulatoria-de-luz. Esta afirma enfáticamente: *"La frecuencia de una onda de luz está determinada por su fuente de creación, por lo que no cambia cuando la onda de luz viaja a través de diferentes medios o cuando es emitida de diferentes objetos".*

Pero si la frecuencia de una onda de luz determina la longitud de onda, y si tal longitud de onda no cambia (es decir, su tasa de oscilaciones no cambia) entonces ¿cómo se puede decir que tales longitudes de onda determinan los colores que vemos? Ésa es la contradicción.

Cuando se trata de refracción (es decir, atenuación) estamos hablando de absorción y emisión de fotones cuando entran y salen de un medio o material. Pero la teoría-ondulatoria-de-luz se dificulta en la explicación de la refracción y hay mucha confusión.

¿Por qué? Porque para que se produzca la refracción, la longitud-de-onda de los fotones recién emitidos debe haber cambiado, haciéndose más larga o más corta. La longitud-de-onda determina la frecuencia de luz y la frecuencia determina el espectro de color de dicha luz.

Sin embargo, según la teoría ondulatoria, la refracción no se trata de la absorción y luego la emisión de nuevos fotones. Se trata de que la luz experimenta un cambio de velocidad y longitud-de-onda a medida que atraviesa un medio. Según algunos adherentes, la velocidad de la onda de luz cambia mientras está dentro de un medio o material y luego vuelve a su velocidad anterior al salir del medio o material como se muestra en la siguiente imagen:

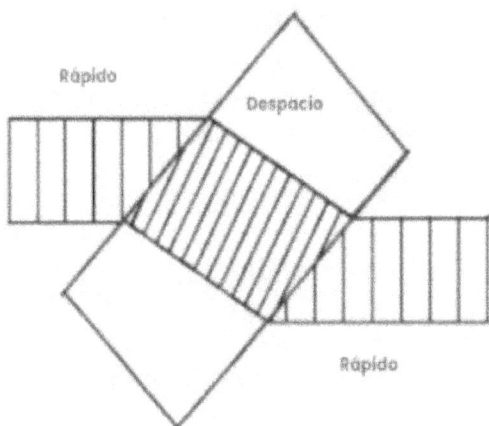

Con respecto a la longitud-de-onda, la teoría-ondulatoria-de-luz dice que mientras la luz atraviesa algún medio, la longitud-de-onda cambia de acuerdo a la tasa de oscilaciones electromagnéticas causadas por el tipo del objeto o medio. Entonces, cuando la luz sale del objeto/medio, sale con una longitud-de-onda cambiada y eso es lo que transmite el color del objeto/medio. En fin, la teoría ondulatoria postula que cuando hay atenuación (refracción) la luz cambia su velocidad y cambia su tasa de oscilaciones electromagnéticas.

Pero tal explicación plantea varias preguntas y contradicciones, como las siguientes:

* Si la onda de luz abandona el medio con una longitud-de-onda cambiada, ¿no impondría eso también un mantenimiento de velocidad compatible con tal cambio?

* Si la refracción cambia la tasa de oscilaciones electromagnéticas, ¿no será que estas oscilaciones permanecen cambiadas una vez que la onda de luz abandona el medio? Y si es así, ¿no afectaría eso la velocidad de la luz, violando así la velocidad constante de la luz?

* ¿Cómo explica la teoría ondulatoria un cambio en la velocidad de la onda de luz mientras está dentro de algún medio? ¿Qué exactamente está causando el cambio de velocidad?

* Si una onda de luz es un campo de energía que contiene múltiples fotones (múltiples pequeños paquetes de energía), ¿qué les sucede a los fotones durante y después de la refracción? ¿Quedan todos intactos? Si cambian, ¿cómo se cambian?

* Cuando la teoría ondulatoria dice que la refracción se trata de una curvatura de luz al entrar a un medio, ¿qué exactamente causa tal curvatura? Si la respuesta es un cambio de velocidad, ¿qué exactamente causa ese cambio de velocidad?

A continuación se muestra una explicación dada por la teoría-ondulatoria-de-luz en cuanto a la atenuación de fotones. Lo siguiente es un extracto resumido tomado de un sitio web de 'autoridad' dedicado a la teoría-ondulatoria-de-luz:

Cita comienza

Un fotón puede ser absorbido por una partícula, como el electrón, transfiriendo energía de una forma de onda transversal a una forma de onda longitudinal. La interacción no ocurre con las ondas estacionarias de la partícula, sino que es una interacción con los centros de las ondas en el núcleo de la partícula. El fotón se mueve como gránulos de éter hacia un electrón con centros de onda en el núcleo de la partícula. Un fotón debe coincidir con la frecuencia correcta para ser absorbido por una partícula porque la interacción de los componentes del fotón (gránulos) debe coincidir con el núcleo del electrón (centros de onda), y también debe coincidir con la frecuencia de resonancia de la partícula.

En cuanto a la 'emisión estimulada' causada por la absorción de fotones, primero se excita un electrón a un nivel superior. Mientras está excitado, se utiliza un segundo fotón para excitar aún más el electrón. Esto da como resultado que se generan dos fotones que abandonan el átomo. Los dos fotones serán idénticos en energía, espín y polarización. El electrón vibra y crea dos fotones que viajan en direcciones opuestas. De manera similar a la emisión espontánea, un fotón abandonará el átomo y otro alcanzará el núcleo y será absorbido por él como retroceso.

Cita termina

Aparte de la retórica incomprensible en lo anterior, la afirmación de que un electrón absorberá uno o dos fotones y luego emitirá dos fotones es científicamente incorrecta.

Un electrón sólo puede absorber y luego emitir un fotón a la vez. Una vez que se completa el proceso, el electrón estará listo para repetir el proceso si se enfrenta a la absorción de otro fotón.

"El electrón de un átomo puede absorber o emitir un fotón cuando un electrón hace una transición de un nivel de energía a otro" (fuente: procesos de emisión y absorción, britannica.com).

"¿Es cierta la siguiente afirmación?: un solo fotón excita sólo un electrón. Sí, es cierto. Según el efecto fotoeléctrico, cada fotón es capaz de excitar sólo un electrón a través de la banda del átomo" (fuente: Toppr.com, un sitio web educativo con más de 6 millones de estudiantes).

"Un solo electrón sólo puede emitir un fotón a la vez. Cuando un electrón pasa de un estado de mayor energía a un estado de menor energía, emite un solo fotón con energía correspondiente a la diferencia de energía entre los dos estados. Eso es un concepto fundamental en la mecánica cuántica y el comportamiento de la luz a escala atómica" (fuente: Chat GPT, enero de 2024).

Cuando se afirma que se puede detectar la velocidad de oscilación de un fotón, lo cual confirma la teoría ondulatoria de luz, la realidad es muy distinta. Las oscilaciones de la luz en sí no son algo que los humanos podamos ver directamente, sino algo que podemos medir y percibir indirectamente a través de sus efectos. Pero tales efectos provienen de la tasa de concentración de fotones, no de la tasa de oscilación de fotones.

Encontrar respuestas simples y comprensibles a preguntas sobre la teoría ondulatoria produce pocos resultados sensatos y comprensibles, entonces ahí lo dejamos.

Por último, pero no menos importante, consideremos varias contradicciones de la teoría-ondulatoria-de-luz:

1. Contradicción de velocidad. La teoría-ondulatoria-de-luz es categórica al afirmar dos cosas: 1. Las ondas de luz se mueven hacia adelante debido a los campos eléctricos y magnéticos oscilantes. 2. Los diferentes niveles de energía de la luz están determinados por las diferentes velocidades de los campos eléctricos y magnéticos oscilantes.

La contradicción es simple: dado que toda la luz se mueve a la misma velocidad constante, ¿cómo se explica esto si la velocidad de las oscilaciones puede variar de una onda de luz a otra?

2. Contradicción de reflectancia. La teoría-ondulatoria-de-luz es clara al decir que las ondas de luz no pueden absorberse ni penetrar ciertos objetos sólidos. Pero si las ondas de luz pueden entrar al agua y a otros líquidos surge la siguiente pregunta: ¿en qué circunstancias podrá estar un líquido demasiado espeso o sólido para que no entren las ondas de luz? ¿Cuál es el punto de corte?

Además, aparte del hecho de que la luz no puede rebotar ni reflejarse en nada, la teoría-ondulatoria-de-luz afirma claramente que vemos un color de la siguiente manera:

"Cuando la luz incide sobre un objeto, el objeto refleja parte de esa luz y absorbe el resto. Algunos objetos reflejan más de una determinada longitud-de-onda de luz que otros, y es así que vemos un cierto color. Por ejemplo, un limón refleja principalmente luz amarilla".

Pero si una onda de luz o parte de una onda de luz es reflejada de un limón, ¿cómo adquirió esa onda de luz el color amarillo sin haber entrado al limón? En otras palabras, cuando una onda de luz choca contra la superficie del limón, ¿cómo logra agarrar el color amarillo? Esa es la contradicción.

3. Contradicción fotoeléctrica. El llamado efecto fotoeléctrico es bien conocido y ha sido verificado en numerosos experimentos. Cuando la luz incide sobre un material sólido como el metal, algunos de sus electrones serán expulsados por completo del material.

Tal expulsión se produce inmediatamente sin ningún retraso porque los electrones tienden a estar un poco flojos en sus átomos. Es por eso que los metales conducen tan bien la electricidad, la cual es un flujo de electrones. Y dado que los átomos en los metales no retienen firmemente a sus electrones, son fácilmente expulsados.

Cuanto mayor es la frecuencia de luz entrante, mayor es la concentración de fotones en dicha luz y mayor es el efecto sobre la expulsión de electrones. Entonces, cuando la luz de alta frecuencia incide sobre el metal los fotones de luz sobrecargan fácilmente a los electrones con demasiada energía y son expulsados instantáneamente, sin que se produzca algún retraso o atenuación de fotones.

Consideremos que los electrones saltan al ser dominados por demasiada energía fotónica. Tal energía surge de la alta concentración de fotones que chocan contra el electrón. Pero se dice que una onda de luz genera su energía a partir de la tasa (velocidad) de sus oscilaciones electromagnéticas, no de una alta concentración de fotones.

El efecto fotoeléctrico nunca ha demostrado que los electrones salten hacia afuera con un retraso de tiempo; cualquier fotón que salga del metal siempre lo hará instantáneamente o no sale. Eso comprueba en forma definitiva que la teoría-ondulatoria-de-luz es espuria.

¿Cómo responde a esto un adherente de la teoría-ondulatoria-de-luz? Se suele decir que *"cuando una onda de luz golpea un objeto como el metal, por ejemplo, la energía de la onda de luz se distribuye uniformemente sobre el frente de la onda. A consecuencia, no habrá suficiente energía fotónica para expulsar a los electrones instantáneamente. Pero eventualmente, a medida que los fotones de la onda de luz se acumulan en el metal, habrá suficiente energía en dichos fotones a que puedan expulsar algunos electrones después de un corto momento de tiempo".*

Hay un gran problema con esa respuesta: nunca ha sucedido. Es decir, por muchos o pocos electrones que saltan hacia afuera, siempre saldrán del metal sin ningún retraso. Por tanto, la teoría-ondulatoria-de-luz no tiene respuesta o explicación, y la contradicción se mantiene.

Cuando Einstein se vio confrontado a esta contradicción, no quiso cambiar de parecer y negar por completo la teoría-ondulatoria-de-luz. Entonces resolvió la contradicción diciendo que la luz a veces se comporta como corrientes de fotones individuales y otras veces como ondas de fotones acoplados. Eso le ganó en parte el Premio Nobel en 1921. También ayudó mucho a consolidar el gran malentendido de la luz descrito en este libro.

La teoría ondulatoria de luz enfáticamente dice: la luz siempre viaja en forma de ondas de luz, pero en algunas circunstancias se manifiesta como corrientes de fotones separados. Esto nos lleva a preguntarnos: ¿qué le sucede a la luz al acercarse a una superficie metálica? ¿Será que la luz se transforma misteriosamente en corrientes de fotones separados al acercarse a un metal?

En la física contemporánea, quienes intentan defender la contradicción fotoeléctrica dicen lo siguiente:

"La luz no 'elige' ser una onda o una partícula. Más bien, la modelamos como una onda cuando queremos explicar (o calcular) la interferencia, y la modelamos como una partícula cuando queremos explicar (o calcular) el efecto fotoeléctrico".

Eso es lo mismo que decir: *"la luz no elige si ser una onda o una partícula, sino que esa elección la hacemos nosotros los humanos. Nosotros los humanos decidimos si queremos que la luz sea una onda o una partícula dependiendo de lo que hace la luz".* Eso por supuesto es muy conveniente y una evasión, y es una completa tontería.

Nota: Suele decirse (erróneamente) que Einstein recibió el Premio Nobel por descubrir el efecto fotoeléctrico. De hecho, el efecto fotoeléctrico fue descubierto en 1887 por el físico alemán Heinrich Rudolf Hertz.

4. Contradicción del cuerponegro. La teoría-ondulatoria-de-luz no puede explicar el efecto de radiación del cuerponegro. En física el 'cuerponegro' (en inglés: blackbody) es cualquier objeto que puede absorber fotones de luz, pero que después no emite la misma cantidad de nuevos fotones incidentes en cuanto al reemplazo de los fotones absorbidos. Cuerponegro es un término genérico para tales objetos.

Entonces, en el efecto cuerponegro, algunos de los fotones que entran nunca salen en forma de fotones incidentes. Esos fotones son destruidos o desaparecen al ceder su calor. La mayoría de los objetos actúan como cuerponegros en el sentido de que devuelven una cantidad de fotones menor a la cantidad recibida, permitiendo así mantener un cierto grado de calor. El efecto cuerponegro sirve como una especie de regulador de temperatura; es la forma en que la naturaleza ayuda a que los objetos no se vuelvan demasiado calientes o demasiado fríos.

Pero la teoría-ondulatoria-de-luz no puede explicar el efecto cuerponegro. La llamada onda de luz es un grupo de fotones que actúan en forma de un solo campo electromagnético. Ningún fotón puede actuar por separado. Por tanto, en el contexto del efecto cuerponegro es 'todo o nada'. O toda la onda de luz entra en un objeto y toda la onda sale sin perder fotones. O la onda no sale en absoluto. Eso contradice el efecto cuerponegro. La teoría-ondulatoria-de-luz no puede explicar esa contradicción.

5. Contradicción del efecto Compton. Cuando los fotones de alta energía (es decir, fotones altamente concentrados) chocan con electrones, pueden liberar electrones débilmente unidos a sus átomos (eso se mencionó en el punto 3: El efecto fotoeléctrico). El efecto Compton causa una transferencia de energía de tales fotones a dichos electrones. A consecuencia, esos electrones liberados y sobre-energizados disparan un montón de fotones nuevos en rápida sucesión y sin alguna atenuación. Ese efecto es la llamada *dispersión de fotones*.

La teoría-ondulatoria-de-luz no puede explicar el efecto Compton porque una onda de luz es un campo único de energía con fotones uniformemente distribuidos. Por lo tanto, una onda de luz no puede tener suficiente energía concentrada en su borde frontal como para golpear y liberar electrones débilmente unidos a sus átomos. El efecto Compton se evidencia claramente en la producción de rayos X, en muchos experimentos de espectroscopia de rayos gamma, en radioterapia y en las llamadas 'cámaras Compton' de alta energía utilizadas en astronomía. La teoría-ondulatoria-de-luz no puede explicar tales efectos y, por tanto, contradice el efecto Compton.

La física contemporánea muestra cada vez más la naturaleza espuria de la teoría-ondulatoria-de-luz. Espectroscópicos modernos y computarizados están mostrando claramente que la frecuencia de luz no se deriva de las oscilaciones electromagnéticas de los fotones. Y que el cálculo matemático de la frecuencia de luz se obtiene descomponiendo la luz a su espectro de color. Eso a su vez revela la longitud-de-onda o distancia entre fotones movedizos.

Cuando los espectroscópicos miden las frecuencias de luz, no miden las oscilaciones electromagnéticas, sino el espectro de color. Eso a su vez podrá mostrar patrones de crestas y valles que se ven en los espectroscópicos pero son patrones enteramente artificiales creados por el espectroscópico para ayudar a los científicos a comprender mejor los resultados. La distancia de cresta a cresta representa la distancia entre los fotones movedizos.

El gran malentendido de la luz está muy dilatado y arraigado en la física contemporánea. La siguiente cita (enteramente errónea) es típica y se encuentra de diversas formas en muchas libros, artículos científicos y encuestas escolares:

"Las oscilaciones de la radiación electromagnética de la onda se caracterizan por crestas y valles. La distancia entre tales crestas y valles, junto con la velocidad de propagación determina los valores de la frecuencia y longitud-de-onda, y las oscilaciones electromagnéticas determinan la energía de luz".

Todo lo dicho en esta cita es incorrecto. Las oscilaciones electromagnéticas de los fotones no se caracterizan por una línea ondulada con crestas y valles. La luz se mueve en forma de vibración sinusoidal. La velocidad de la luz no determina la frecuencia ni la longitud-de-onda en absoluto. Y las oscilaciones electromagnéticas de la luz no tienen nada que ver con la energía de la luz.

De paso se menciona que en 2015 la Escuela Politécnica Federal europea de Lausana anunció a bombo y platillo que la luz había sido fotografiada como partícula y como onda, demostrando así la dualidad de la luz. Aquí está la foto:

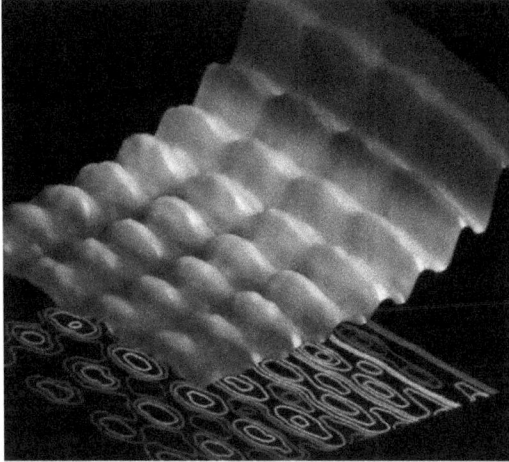

Posteriormente se aclaró que no se trataba de una fotografía de luz en sí. Más bien, era una fotografía de 'polaritones de plasmón superficial' basada en cómo se mueven los electrones en la superficie de los metales. Simplemente no existe alguna dualidad de luz en el sentido de que la luz tenga simultáneamente propiedades de onda y de partícula.

*

¿Existen las ondas de luz?

La respuesta en breve es NO. Las ondas de luz no existen en absoluto, en ninguna forma. Eso supone que una onda de luz se define de la siguiente manera:

"La teoría ondulatoria de luz describe la llamada 'onda de luz' a ser una onda o campo electromagnético que contiene múltiples fotones distribuidos uniformemente, las cuales oscilan de forma sincronizada. La onda de luz dentro del espectro electromagnético se caracteriza por su frecuencia (velocidad) de oscilación. Esa frecuencia de su oscilación electromagnética define la longitud-de-onda de la luz".

Lo antes mencionado es como se acostumbra definir una onda de luz en la literatura científica. Hay dos posibilidades: 1. La luz viaja como una o más **ondas** de luz (es decir campos de fotones acoplados). O 2. La luz viaja como uno o más **rayos** de luz (es decir, una corriente de fotones desacoplados).

No puede ser que a veces la luz se mueva como una onda de luz y otras veces como un rayo de luz. Si se acepta que la luz viaja como una onda de luz, entonces hay que aceptar que no existe el 'gran malentendido de la luz' expuesto en este libro. Si se acepta que la teoría-ondulatoria-de-luz es espuria y que las ondas de luz no existen, entonces estás en un buen camino hacia la comprensión de la magnífica y verdadera naturaleza fundamental de la luz.

Una vez que se acepta la naturaleza espuria de la teoría-ondulatoria-de-luz, muchas cosas confusas y desconcertantes sobre la luz se aclaran y el gran malentendido sobre la luz se desvanece. Siempre que leas o hables sobre la naturaleza de la luz, si la palabra 'onda de luz' entra en la lectura o conversación, deberás ser muy escéptico sobre el tema. La frase 'rayo de luz' deberá reemplazar la frase 'onda de luz'.

Si intentas obtener una respuesta a la pregunta: "¿Cómo se mide la longitud de onda de la luz?" te dicen que es la distancia entre dos puntos sucesivos y equivalentes en una onda, por ejemplo, de cresta a cresta.

Dicha medición nunca ha sido posible de realizar, ver, o comprobar de alguna manera, excepto como un concepto teórico. En la teoría ondulatoria, la longitud de onda se infiere (erróneamente) a partir de la energía de la luz. Es decir, mientras mayor la energía, menor es la distancia entre las crestas de las ondas y más rápidas las oscilaciones de los fotones.

La energía de la luz se puede medir fácilmente y con precisión de varias maneras, pero principalmente se lo hace por su espectro de color, y ciertamente no por algún tipo de patrón ondulado teórico. La realidad es que mientras mayor sea la energía, menor es la distancia entre los fotones movedizos, las cuales continúan oscilando a la misma velocidad constante.

Para terminar, se propone una pregunta de seis palabras que se puede plantear a cualquier persona involucrada en la física u óptica de la luz: *¿qué determina la energía de luz?* Tú y yo sabemos que la respuesta es: *la energía de luz está determinada por la concentración de fotones en la luz.* Si se obtiene alguna otra respuesta, se deberá ser muy escéptico sobre lo que se oye o se lee.

*

¿Qué es el espectro invisible de luz?

El espectro electromagnético completo contiene varios tipos de luz. Tales tipos (a veces llamados 'tipos de radiación') contienen sólo los fotones regulares y nada más. Cuando se hace referencia a la 'radiación electromagnética', es simplemente otra manera de decir 'luz'.

La única diferencia entre los distintos tipos de radiación electromagnética es la concentración (el número) de fotones en dicha radiación. La concentración está determinada por la distancia entre cada fotón movedizo en un rayo de luz. Si la distancia es corta, la concentración de fotones (y su energía) será alta.

Cuando la energía de un rayo de luz es lo suficientemente alta como para desprender los electrones de sus átomos, dicha energía suele denominarse 'radiación ionizante'. Los rayos gamma y los rayos X son ejemplos de radiaciones ionizantes. La luz visible, la luz láser, los infrarrojos, las microondas y las ondas de radio son ejemplos de radiación no-ionizante.

La radiación ionizante, así como todos los tipos de radiación electromagnética, está formada de fotones movedizos y nada más. Pero la alta concentración de fotones en la radiación ionizante puede desprender algunos electrones de sus átomos en los objetos.

Se sabe que todo fotón contiene un tanto igual de energía. Entonces, cuando una alta concentración de fotones llega a un objeto, los átomos del objeto absorberán la energía del aluvión de fotones entrantes. Eso a su vez sobre-energiza los átomos del objeto, haciéndolos vibrar y provocando calor. En otras palabras, los electrones de tales átomos emitirán muchos fotones rápidamente. Esa alta frecuencia de fotones es lo que nos hace sentir el calor.

Entonces la radiación ionizada hace que los átomos se muevan muy rápidamente. Al hacerlo, los átomos liberan su exceso de energía en forma de calor, lo cual puede ser perjudicial. Por ejemplo, el calor de los rayos gamma o los rayos X en exceso puede dañar el cuerpo humano de diversas maneras, como las enfermedades por radiación, el cáncer y los daños a los órganos.

Otro ejemplo es cuando la luz del sol es enfocada sobre una hoja de papel con una lupa. Eso crea radiación ionizante que produce suficiente calor como para desprender algunos electrones de sus átomos, y a la vez quemar el papel.

La radiografía de rayos X permite ver por dentro ciertos objetos (y cuerpos humanos) utilizando una variedad de técnicas, como por ejemplo la registración de diferencias en atenuación, o la fotografía de la radiación ionizante al salir de un objeto o cuerpo.

Todos los tipos de calor están formados por altas concentraciones de fotones a un nivel fundamental. Por eso, cuando escuchas que existen diferentes tipos de calor que surgen de los átomos, moléculas e iones, es así. Pero a un nivel fundamental todo calor se trata de las altas concentraciones de fotones. Es decir, el calor está hecho solo de fotones las cuales transfieren energía termal.

Si te dicen que el calor es la transferencia de energía térmica, es cierto. Pero esa energía térmica que se transfiere está compuesta de fotones.

Al otro extremo del espectro electromagnético tenemos las llamadas 'ondas de radio' pero no son ondas en el sentido literal. Son fotones regulares que avanzan a la velocidad de la luz, pero con una distancia mayor entre cada fotón movedizo. En cuanto a las ondas de radio, esa distancia puede variar desde unos pocos milímetros a varios kilómetros entre cada fotón.

Las ondas de radio generalmente se generan mediante el uso de electricidad intermitente y un transmisor para la producción de fotones a diferentes intervalos (diferentes longitudes de onda). Similar al código morse, cada longitud-de-onda diferente transmite una señal diferente. Esas señales son recibidas por una radio o receptor que las traduce a sonido, imágenes, etc. Los televisores, radios, teléfonos celulares, radares y muchos otros dispositivos utilizan ondas de radio para transmitir y recibir señales a través del aire o espacio.

Las ondas de radio no son más que fotones movedizos como cualquier otro tipo de radiación electromagnética. Las diferentes longitudes-de-onda (diferentes distancias entre fotones movedizos) son la clave. Los teléfonos celulares, radios, televisores, la radio-astronomía y la mayoría de las telecomunicaciones utilizan ondas de radio. Esas tecnologías están diseñadas a poder detectar y utilizar las diferentes longitudes-de-onda transmitidas por el aire en una variedad de formas.

Los hornos microondas funcionan según principios similares. Los microondas contienen una bombilla de luz interna llamada magnetrón que emite fotones cuando se enciende el microondas. Esos fotones son absorbidos por la comida/líquido en el microondas. Al hacerlo, los fotones se destruyen transfiriendo su calor al alimento o al líquido, y en su lugar se emiten fotones incidentes. Pero el alimento o líquido cocinado emite mucho menos fotones que la cantidad recibida y eso ayuda a que se maximice el calor retenido.

Bien se podría preguntar: *¿Por qué no podemos ver el espectro invisible?* Es decir, ¿por qué la visión humana se limita a sólo una pequeña sección del espectro de luz?

Se debe a la defensa biológica del cuerpo. Nuestros fotorreceptores son muy sensibles al calor. Los fotorreceptores de los conos y bastones detrás de los ojos se activan con la luz entrante. Pero si la luz entrante es demasiado caliente, como la luz ultravioleta o infrarroja, los fotorreceptores se apagan para proteger los delicados conos y bastones. Del mismo modo, si la luz entrante es demasiado fría, como las ondas de radio, la falta de calor no será suficiente como para activar los fotorreceptores.

Por ejemplo, supongamos que estamos mirando una hoja verde a la luz del día. La hoja verde absorberá continuamente fotones de luz diurna y emitirá fotones incidentes en su lugar. Los fotones incidentes serán corrientes de fotones movedizos con, digamos, una distancia de 500 nm entre cualquier par de tales fotones. Cuando tales fotones llegan a nuestros fotorreceptores, la distancia de 500 nm determinará la concentración (cantidad) de fotones entrantes. Esa concentración de fotones produce una medida determinada de calor, haciendo que los fotorreceptores nos den el color verde. Así, cada concentración diferente de fotones da una temperatura diferente, lo que a su vez da un color diferente. Cada temperatura diferente desencadena una mezcla particular de conos que instantáneamente nos proporciona el color que vemos.

Entonces la pregunta es: *¿Cómo se explica que la distancias entre los fotones movedizos nos den los colores que vemos?* Y la respuesta es que esas distancias determinan la concentración de fotones que llegan a los ojos. Esa concentración determina el grado de calor en un grupo determinado de fotones, y eso a su vez se traduce al color o tono que vemos.

Al comprender la naturaleza fundamental de la luz, resulta mucho más fácil y rápido comprender o aprender la física óptica, ingeniería eléctrica, astronomía óptica y muchas otras ramas de la ciencia asociadas con la luz. Estarás muy por delante de tus pares en tales campos si no te dejas desviar a los conceptos erróneos y malentendidos fomentado por la falsa teoría-ondulatoria-de-luz.

*

¿Cómo se ven los colores?

En diferentes partes de este libro se analiza la forma en que percibimos la luz y la manera de su movimiento. Pero, ¿cómo vemos realmente los colores? A continuación se muestran cuatro respuestas típicas (aunque erróneas) a tal pregunta.

Cuatro comentarios típicos de internet dando información errónea:

1. El color de un objeto es la longitud-de-onda reflejada por tal objeto. Eso está determinado por el orden de los electrones en los átomos del objeto, las cuales absorben y emiten fotones de energías particulares de acuerdo con leyes cuánticas complicadas.

2. La luz se compone de diferentes longitudes-de-onda o colores, y la luz no-incidente es una combinación de todos ellos. Por ejemplo, cuando la luz no-incidente del sol incide sobre el color azul de una pelota de playa, el color azul refleja las longitudes-de-onda azules y absorbe todas las demás. Las ondas de luz azul reflejadas por el Sol rebotan en la pelota de playa y llegan directamente al ojo. Ahí es cuando comienza la acción de vista.

3. Cuando la luz del sol incide sobre un objeto, algunos materiales absorben longitudes-de-onda específicas. Las longitudes-de-onda que no se absorben se reflejan. Esa luz reflejada llega luego a

nuestros ojos y nos hace percibir el color del objeto.

4. Cualquier color particular que vemos en un objeto está determinado por la longitud-de-onda reflejada del objeto. Por ejemplo, las plantas parecen verdes porque absorben todas las longitudes del espectro visible menos la de verde. Es por eso que la longitud-de-onda del color verde llega a nuestros ojos.

Esos cuatro ejemplos de cómo vemos los colores están totalmente incorrectos, pero tales opiniones son muy comunes. Al leer este libro sabrás que cuando la luz incide sobre un objeto, los fotones de la luz se atenúan. Es decir, los fotones se absorben y desaparecen para siempre, y en su lugar se emiten fotones nuevos.

Esos fotones nuevos son emitidos por electrones, pero el electrón tarda un *momento de tiempo* en absorber un fotón y luego en crear un nuevo fotón de reemplazo (un fotón incidente). El mencionado *'momento de tiempo'* inserta un pequeño intervalo de tiempo (espacio físico) entre cada fotón emitido por el electrón, y pues se produce un flujo de fotones movedizos con espacios físicos determinados entre cada fotón.

Como ya se mencionó, ese intervalo de tiempo determina la distancia física y real entre los fotones movedizos, y esa distancia física es la longitud-de-onda. Entonces, la longitud de una longitud-de-onda está determinada por la distancia física y real entre los fotones movedizos en un rayo de luz que llegue a los ojos.

Viendo colores

Ahora llegamos a ver cómo realmente vemos los colores. La longitud-de-onda de un rayo de luz determina qué color específico vemos. Recuerda siempre que la longitud-de-onda es simplemente la distancia entre dos fotones cualesquiera a medida que avanzan siempre a la velocidad constante 'c'.

En realidad, no recibimos una sola línea de fotones que llegan a nuestros ojos, uno tras otro, todos equidistantes, marchando como soldados. De hecho, nuestros ojos reciben muchos 'pequeños' grupos de fotones simultáneamente. Cada pequeño grupo es una corriente de fotones con una mezcla de longitudes-de-onda que le da al cerebro una receta específica para el color o tono que se está mirando. Entonces, cada pequeño flujo de fotones proporciona a los ojos y al cerebro una o más longitudes-de-onda que instantáneamente nos hacen ver el color o la panorámica de colores que estamos mirando.

A medida que te mueves y ves cosas diferentes, esas pequeñas corrientes de fotones cambiarán la combinación de longitudes-de-onda que transportan. Esa combinación dependerá de lo que se mire, cómo se mueve la cabeza, y otros factores. Al ver las cosas, nuestros conos son usados y reusados continuamente en diferentes configuraciones.

Para reiterar este punto, los fotones movedizos en el rayo de luz incidente indican a los ojos y al cerebro la distancia (longitud-de-onda) entre cada fotón que llega a los ojos. Y esa distancia/longitud-de-onda se relaciona con un tono de color particular. Así que en el momento de ver un objeto los ojos reciben uno o más rayos de luz, y cada rayo nos da una receta de color de acuerdo a lo que estamos viendo.

El cerebro es muy eficiente a la hora de mapear todos esos colores en el panorama de colores y aspectos que vemos. Además, el cerebro recuerda cosas, por lo que, al combinar dicha memoria con los rayos de luz entrantes, el cerebro proporciona una percepción de 'visión instantánea'.

El punto clave que hay que entender es que la distancia física entre cada uno de los fotones movedizos es lo que determina la longitud-de-onda particular y, por lo tanto, el color particular que vemos en ese momento. Nada más determina qué color se ve. Para enfatizar este punto importante: sólo la distancia entre los fotones movedizos determina el color que vemos; nada más afecta cuáles colores vemos.

Viendo miles de colores

A partir de lo anterior, hay miles de tonos de color que vemos en nuestra vida diaria. Se suele pensar que todos los colores que vemos emanan de sólo tres colores primarios: rojo, verde y azul. Eso no es del todo exacto. Los tres colores primarios mencionados nos darán cualquiera de los tonos de color que vemos, pero no pueden darnos todos los colores *vivos* (puros) que vemos, como el rosado y el negro.

Resulta que los colores cian, magenta y amarillo son colores secundarios importantes que nos permiten ver ciertos colores de forma nítida y puro que no se podría con solo el rojo, el verde y el azul. *"Vemos cosas cuando la luz entra a nuestros ojos de dos maneras: (1) directamente desde una fuente de luz; y (2) emitida desde un objeto. Pero la idea de que los tres primarios rojo-verde-azul pueden crear todos los colores del mundo es totalmente falsa"* (fuente: Stephen Westland, profesor de ciencia del color en la Universidad de Leeds, Inglaterra, septiembre de 2023).

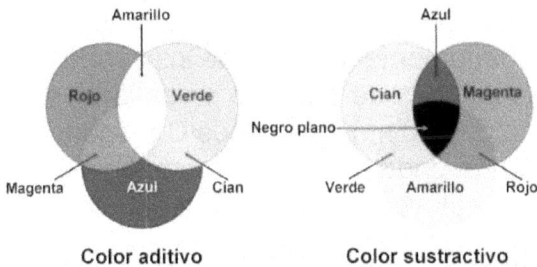

Color aditivo   Color sustractivo

El tema de cómo se puede combinar los colores y crear diferentes matices de color, más los temas de colores aditivos y sustractivos, es algo complejo y fuera del tema de este libro.

Los dos puntos claves son: 1. El rojo, verde y azul son de hecho los colores primarios de todos los demás colores, incluidos el cian, el magenta y el amarillo. 2. Pero para ver ciertos colores de forma nítido y puro también necesitamos los tres colores secundarios cian, magenta y amarillo o alguna combinación.

109

Otro concepto erróneo muy común se relaciona con los conos de nuestros ojos. Tenemos casi siete millones de conos detrás de nuestros ojos que permiten la percepción del color. Esos conos se dividen en tres tipos que se denominan conos largos (L), medianos (M) y cortos (C). Cada uno de los tres tipos tiene una composición química única. El error es pensar que cada tipo de cono es específico al rojo, verde y azul.

De hecho, los conos L responden más al rojo, alcanzando un máximo de aproximadamente 560 nanómetros (nm) de largo. La mayoría de los conos humanos son de ese tipo. Los conos M constituyen aproximadamente un tercio de los conos y responden a las longitudes-de-onda de amarillo a verde, con un máximo de 530 nm. Los conos C responden más a la longitud-de-onda azul, alcanzando un máximo de 420 nm, y constituyen sólo alrededor del 2% de los conos.

Entonces, respectivamente (rojo-verde-azul) los tres tipos de conos tienen longitudes-de-onda máximas en el rango de 564 a 580 nm, 534 a 545 nm y 420 a 440 nm. Eso se muestra gráficamente a continuación:

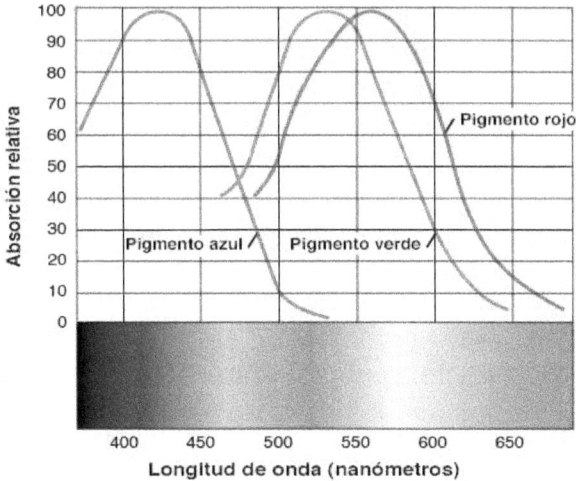

Longitud de onda (nanómetros)

Vemos en esta imagen que el rango de sensibilidad de los tres tipos de conos se sobrepasa. Por ejemplo, a veces el cerebro podrá usar un cono rojo para dar algún tono de verde.

Aquí va otro concepto erróneo en cuanto a la percepción de colores:

"No hay manera de estar seguro que todos vemos los mismos colores. Se aprende en la vida que los colores tienen nombres como el rojo o el azul. Pero es posible que tú y yo veamos un color completamente diferente cuando ambos miramos el mismo color".

Eso es un mito basado en no comprender la naturaleza fundamental de la luz. Todos los humanos tenemos la misma biología cuando se trata de percibir los colores a través de los ojos y el cerebro.

Y al comprender cómo percibimos los colores (tal como se explica en estas páginas), queda claro que todos los humanos percibimos los colores de la misma manera. Pero por supuesto, algunas personas podrán tener daños de la vista o alguna condición hereditaria, en cuyo caso su percepción de los colores puede desviarse de la norma.

Cuando vemos el espectro de colores visibles (los colores del arcoíris o del prisma) decimos coloquialmente que estamos viendo seis colores porque esos son los colores que más resaltan: rojo, naranja, amarillo, verde, azul, y violeta. Pero en realidad el espectro de colores visible contiene miles de matices de color a base de mezclas de los seis colores principales. Todos esos miles de matices de colores están hechos sólo de esos seis colores principales.

Los colores blanco y negro los percibimos como cualquier otro color. Esos dos colores se componen de otros colores al igual que todos los demás colores compuestos que vemos. Por ejemplo, los focos que alumbran los estadios deportivos emulan la luz blanca del día. Lo hacen suministrando proporciones iguales de luz roja, verde y azul a un foco principal para brindar una luz blanca muy realista a la luz diurna para un partido de fútbol.

Pero si se mezcla pintura roja, verde y azul en cantidades iguales, el resultado sería un color marrón grisáceo turbio debido a la precisión poco confiable de la longitud-de-onda de cada tipo de pintura.

El color negro está formado por cian, magenta y amarillo. Si escuchas que el blanco y el negro representan la ausencia de color, esto no es así. Ningún color o tono de color (incluidos el blanco y el negro) puede de alguna manera transportar otros colores o transportar otras longitudes-de-onda cuando avanza un rayo de luz. Un rayo de luz no es más que un grupo de fotones movedizos y un fotón no puede transportar nada. Cada fotón es sólo un pequeño paquete de energía oscilante y nada más.

Sabemos pues que la distancia entre dos fotones movedizos define la longitud-de-onda. Y la longitud-de-onda, que normalmente se mide en nanómetros (nm), determina el color. Entonces, cada uno de los miles de colores y matices de colores que vemos en nuestra vida diaria proviene de los rayos de luz que entran a los ojos. Y cada rayo de luz proporciona una combinación de longitudes-de-onda (una combinación de distancias físicas entre fotones) que le da al cerebro una 'receta de luz'.

Esa receta alegórica le dice al cerebro qué y cuántos conos de luz hay que poner en la olla; es decir, qué proporción o porcentaje de cada tipo de conos se debe usar. Así, después de un instante estamos viendo los colores apropiados.

La siguiente imagen muestra los rangos de distancia física de cada color principal. Por ejemplo, si dos fotones movedizos están separados por una distancia de 595 nm, cuando esos dos fotones entren a los ojos transmitirán el color naranja al cerebro y verás naranja.

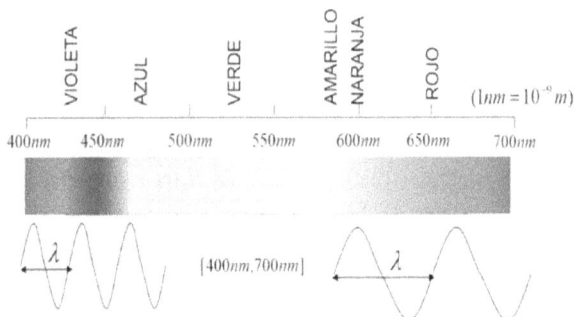

Las distancias nanométricas representadas por diferentes colores no es una ciencia exacta porque un nanómetro es una distancia muy pequeña (una milmillonésima de un metro). Entonces, por ejemplo, cuando vemos amarillo significa que estamos viendo una distancia entre fotones movedizos que podría estar entre 565 y 590 nm. Es decir, cuando vemos amarillo, los fotones que llegan a los ojos pudieran tener una distancia de 573 nm o 584 nm o cualquier otra distancia que se encuentre entre 565 y 590 nm.

Naturalmente, algunos de los rayos de luz entrantes a los ojos activarán más conos que otros, dependiendo de la combinación particular de longitudes-de-onda. Normalmente, tendremos muchos rayos diferentes de luz entrando a nuestros ojos simultáneamente. Y como cada rayo de luz es un pequeño grupo de fotones con una mezcla de longitudes-de-onda, cada rayo de luz provocará un uso especifico de los conos. Así es como vemos muchos colores diferentes simultáneamente. Pero aun así nunca usaremos todos los siete millones de conos a la vez.

"Los humanos tenemos una percepción muy sensible del color y podemos distinguir alrededor de 500 niveles de brillo, 200 tonalidades diferentes y 20 niveles de saturación; en total, alrededor de 2 millones de colores distintos" (fuente: Visión - Transduction of Light, LibreText Biology, Universidad de California, EE. UU.).

En resumen, así es como vemos muchos colores diferentes:

1. Un rayo de luz es una corriente de fotones que proviene de una fuente de luz, como una linterna, el sol, un fósforo, etc. O tal rayo se produjo como resultado de una atenuación, es decir, como resultado de la absorción de luz y luego su emisión en forma de nueva luz incidente.

2. Cualquier rayo de luz (independientemente de cómo se haya creado o emitido) está formado enteramente de fotones movedizos y nada más. La única diferencia entre los varios rayos de luz es la distancia física entre cada fotón movedizos en un rayo determinado de luz. Esa distancia física se denomina longitud-de-onda de luz. Entonces, la longitud de una longitud-de-onda es la longitud de la distancia física entre dos fotones movedizos.

3. Cualquier rayo de luz tendrá muchos fotones movedizos, todos emanando de una fuente determinada, ya sea una bombilla, una linterna, el

Sol, etc. O el rayo de luz podría haber sido emitido desde cualquier objeto, como un escritorio marrón, una planta verde, una pelota-de-playa azul, etc. Cualquiera que sea la fuente del rayo de luz, cada fotón en el rayo se moverá a la velocidad de la luz. Pero cada rayo de luz tendrá sus propias distancias particulares (longitudes-de-onda particulares) entre sus fotones movedizos.

4. Eso significa que habrá una distancia física determinada (una longitud-de-onda determinada) entre dos fotones cualesquiera en un rayo de luz. Cuando ese rayo de luz entra a los ojos, las distintas longitudes-de-onda del rayo de luz activarán una mezcla de conos para proveer casi instantáneamente el color que estamos viendo en ese momento. Esa mezcla de conos determina la mezcla proporcional del matiz exacto del color. Ver cualquier color no se trata de la cantidad total de conos estimulados, sino de la proporción (porcentaje) de conos estimulados en cada tipo de cono.

5. Casi todos los colores que vemos en nuestra vida diaria serán matices o tonos de color en vez de colores primarios o puros. Por ejemplo, si pensamos que estamos viendo un verde puro cuando miramos una hoja verde, en realidad estamos viendo un tono de color verde, no un verde puro. Por lo tanto, casi todo rayo de luz será una receta de luz que nos suministra un tono de color particular. Cualquiera que sea el tono de color, los ojos y el cerebro nos darán instantáneamente un tono de color enteramente

elaborado de los tres colores primarios y los tres colores secundarios.

6. A continuación se da tres ejemplos de un rayo de luz. La cadena de números en cada ejemplo representa una cadena de distancias (cadena de longitudes-de-onda) entre cada fotón movedizos en un rayo de luz.

	700		600	500		400 nm
Color	Rojo	Naranja	Amarillo	Verde	Azul	Violeta
Longitud de onda (nm)	622 - 780	597 - 622	577 - 597	492 - 577	455 - 492	390 - 455
Frecuencia (10¹⁴ HZ)	3.84 - 4.82	4.82 - 5.03	5.03 - 5.20	5.20 - 6.10	6.10 - 6.59	6.59 - 7.69

1. Ejemplo de rayo de luz magenta: 111111311211113311112111. Se supone que en este ejemplo el tono de magenta esta hecho de violeta, amarillo, y verde en ciertas proporciones. Entonces el número 1 es una distancia de, digamos, 401 nm, 3 es una distancia de 590 nm y 2 es una distancia de 500 nm. Cada número en esta cadena de números es una longitud-de-onda (una distancia entre dos fotones que llegan). Entonces, en este ejemplo, el cerebro creará instantáneamente una receta con un predominio de longitudes-de-onda de 401 nm y una pequeña cantidad de longitudes-de-onda de 590 nm y 500 nm para dar el tono preciso del magenta que se está mirando.

2. Ejemplo de rayo de luz incidente de color blanco puro: 664654455546645. En este ejemplo, el número 6 representa 650nm (rojo), el 4 es 450nm (azul) y el 5 es 550nm (verde). El cerebro creará instantáneamente una receta de blanco puro porque las proporciones de rojo, verde y azul son iguales en este ejemplo. Pero supongamos que hubiera dos 6 's adicionales en esa cadena de números. Pues se tendría siete x 6, cinco x 4 y cinco x 5. Eso todavía daría blanco, pero con un ligero tinte rojo.

3. Ejemplo de rayo de luz al ver un piso de madera: 44546566665564666. En este ejemplo estamos ante un piso de madera de color marrón. El color marrón se compone de rojo, verde y azul, pero con más rojo que verde o azul. Entonces, en esa cadena de números, el 4 da 450 nm (azul), 5 da 550 nm (verde) y 6 de 650 nm (rojo). Al mirar el piso de madera también se pueden ver algunas vetas de color marrón muy oscuro. Por lo tanto, estás viendo simultáneamente dos tonos diferentes de marrón. Cuando eso sucede significa que al momento de ver ambos tonos de marrón tus ojos están recibiendo dos rayos de luz separados: uno para el marrón claro (como en este ejemplo) y otro para el marrón bien oscuro.

En resumen, en cualquier momento dado, nuestros ojos pueden recibir muchos pequeños grupos de fotones. Cada pequeño grupo es un rayo de luz compuesto de fotones movedizos que dan a los ojos una serie (mezcla) particular de longitudes-de-onda. Esa mezcla de longitudes-de-onda es traducida por el cerebro al color final que vemos. El punto clave aquí es que la longitud-de-onda determina el color, y esa longitud-de-onda no es más que las distancias físicas entre los fotones movedizos.

Por convención humana, los siguientes seis colores representan el espectro visible:

Violeta: 380-450 nm
Azul: 450-495 nm
Verde: 495-570 nm
Amarillo: 570-590 nm
Naranja: 590-620 nm
Rojo: 620-750 nm

Aparte de esos seis colores, ningún otro color tiene una longitud-de-onda designada (una distancia designada entre fotones movedizos física y real). El criterio se basa en los colores que los humanos podemos ver en el espectro visible o en el arcoíris. Pues, como sólo podemos ver estos seis colores (los colores más destacados), le damos a cada color una longitud-de-onda específica que refleja o se relaciona a la distancia entre dos fotones movedizos. Ningún otro color o tonalidad de color es premiada con su propia longitud-de-onda porque son colores compuestos, son colores hechos de una combinación de los colores primarios rojo-verde-azul.

Los colores violeta, amarillo y naranja reciben sus propias longitudes de onda designadas a pesar de ser colores compuestos simplemente porque esos tres colores se destacan en el espectro visible.

Pero si miras el color rosado, por ejemplo, el rayo de luz que entra a los ojos no tendrá una longitud-de-onda designada por los humanos. El rosado está formado por el rojo y el violeta, cada color en extremos opuestos del espectro visible. Entonces, las distancias entre los fotones en un rayo de luz que viaja desde, digamos, una pared rosada hasta los ojos se verá así: 400- 400- 400- 400-700- 700- 700-470. Las distancias repetidas de 400 y 700 nm dan un predominio del violeta y el rojo, además de un poco de azul (470 nm) para dar el tono preciso de rosado que estamos mirando.

Por lo tanto, cuando la luz del día es atenuada en la pared rosada, los electrones de la pared rosada emitirán fotones con una variedad de longitudes-de-onda que, cuando los reciban los ojos, instantáneamente nos harán ver el tono preciso de la pared rosada. Así es como funciona la percepción humana en cuanto a cualquier color o tono de color que no sea uno de los seis colores con longitudes-de-onda designadas.

Para finalizar esta sección, surge la siguiente pregunta: Hemos dicho que cuando los fotones entran a los ojos, eso desencadena varias combinaciones de conos oculares para hacernos ver ciertos colores. Pero, ¿cómo activan los fotones entrantes las combinaciones correctas de conos oculares para los colores que estamos viendo?

La respuesta es el calor. Los ojos no perciben los fotones en sí, como si fueran soldados en marcha con diferentes espacios entre los soldados. Pero los ojos, conos, bastones, etc. sí perciben calor al que son muy sensibles. Y como se explicó anteriormente en el libro, la distancia entre los fotones en movimiento determina su nivel de energía y, por tanto, su nivel de calor. Cada pequeño grupo de fotones que ingresa a los ojos emitirá una firma de calor particular que a su vez desencadena el color que se ve.

*

¿Cómo se ve un color específico?

En la sección anterior vimos cómo se ven los colores en general. También vimos que cuando un objeto o material emite luz, esa luz nos da su color. Nos da un flujo de fotones con una mezcla de longitudes-de-onda que le avisa a nuestros ojos el color que vemos. Pero surge la siguiente pregunta:

¿Cómo puede un objeto o material saber qué combinación de longitudes-de-onda emitir y así entregar un color determinado? En otras palabras, ¿qué hace que un objeto, como una pelota-de-playa azul o una pared rosada, envíe un rayo de luz que contenga la combinación exacta de longitudes-de-onda que nos hará ver el color del objeto que estamos mirando?

Esa pregunta a intrigado a la ciencia durante muchos años. Una respuesta común a esa pregunta suele basarse en el gran malentendido de la luz expuesto en este libro. Tal respuesta (aunque equivocada) es algo así:

"Cuando, por ejemplo, la luz del día (que es una combinación de todas las longitudes de onda) incide sobre un objeto, algunos objetos absorben longitudes-de-onda específicas. Las longitudes-de-onda (es decir, las ondas de luz) que no se absorben se reflejan. Esa luz reflejada (es decir, las ondas de luz reflejadas) llega luego a nuestros ojos y nos hace percibir el color del objeto reflectante que vemos".

123

Aparte del hecho de que la luz nunca puede rebotar ni reflejarse en nada, el problema es que lo anterior no nos da una respuesta a la pregunta. No nos dice exactamente cómo un objeto logra transmitir su color a los ojos humanos. La implicación de esa respuesta errónea es que las ondas de luz no-absorbidas rebotan sobre el objeto, y al rebotar son de alguna manera imbuidas de los colores del objeto.

Eso implica también que el matiz preciso de colores es transmitido del objeto a los ojos. Que de alguna manera misteriosa, la luz reflejada logra transmitir las proporciones correctas de los conos visuales que se deberán usar.

Algunos físicos atrincherados en la teoría-ondulatoria-de-luz afirman que, de hecho, las ondas de luz son completamente absorbidas por los electrones (no reflejadas), y que dichos electrones luego emiten nuevas ondas enteras de luz. Pero hay que preguntarse: *¿cómo logran exactamente los electrones emitir ondas enteras de luz?* No hay respuesta comprensible y creíble a esa pregunta. Se suele responder vagamente que la respuesta está radicada en ecuaciones muy complejas. Probablemente sea mejor que no sigamos por esa madriguera del conejo.

De vuelta a la realidad. Para explicar exactamente cómo un objeto transmite su color a nuestros ojos usaremos el ejemplo de una pared rosada. Entonces, si miramos a una pared rosada ¿qué hace que la pared rosada emita una combinación particular de longitudes-de-onda? Es decir, ¿cómo logra la pared transmitir la combinación de rojo, violeta y un poco de azul para dar el tono exacto de lo que estamos mirando?

En otras palabras, necesitamos entender cómo puede ser capaz la pared de transmitir una mezcla precisa de longitudes-de-onda (distancias entre fotones movedizos) que nos dé exactamente su tono rosado. Para entender bien cómo funciona todo esto, primero debemos examinar la naturaleza del electrón de valencia.

El electrón de valencia

Todos los átomos tienen electrones girando alrededor del núcleo. Algunos electrones giran en orbitales más altos que otros electrones en el mismo átomo. Los electrones más alejados del núcleo de su átomo se llaman electrones de valencia.

Todos los átomos tienen 7 niveles orbitales posibles, es decir un máximo de 7 niveles orbitales. Por defecto, los electrones de valencia permanecen en el nivel orbital 2 (su lugar de 'reposo'). Pero cuando un fotón se encuentra con un electrón de valencia, tal electrón absorbe la energía del fotón y queda super-energizado.

Estando así, el electrón salta a un nivel orbital más alto. Los electrones no-valencianas se llaman electrones internos y permanecen por debajo del nivel 2. La siguiente imagen (cortesía de La

Academia de Khan, EE. UU.) lo muestra gráficamente:

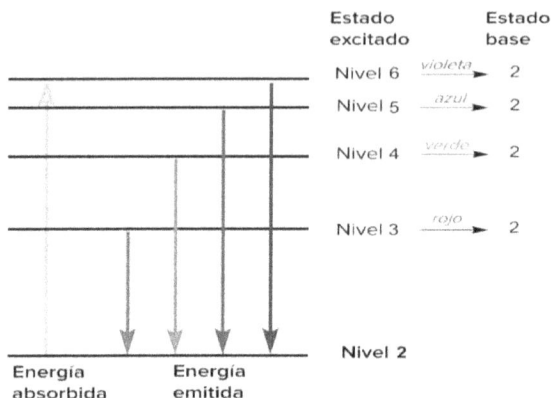

La imagen muestra, por ejemplo, lo que sucede cuando un fotón entrante golpea un electrón de valencia en el átomo de un objeto de color rojo. El electrón de valencia absorberá la energía del fotón haciendo que el electrón salte al nivel 3. Luego tal electrón liberará un nuevo fotón y volverá a su nivel 2. Si el objeto es de color azul, el electrón salta al nivel 5 y vuelve al nivel 2, y así para otros colores y niveles.

Los electrones de valencia permanecen en su nivel 2 por defecto a menos que sean energizados. Entonces, cada vez que un fotón choca contra un electrón de valencia, el electrón absorberá la energía del fotón y quedará momentáneamente super-energizado.

Como se mencionó, al estar super-energizado, el electrón de valencia saltará a un nivel orbital más alto en su átomo. Pero al hacerlo, el electrón se vuelve un poco inestable y corre el riesgo de desprenderse completamente de su átomo. Alegóricamente, el electrón super-energizado se sobreexcita y se pone nervioso y quiere volver a su nivel 2.

Lo hace liberando la misma cantidad de energía que originalmente fue absorbida del fotón. Esa energía se libera en forma de un nuevo fotón, y el electrón de valencia puede entonces descender a su nivel 2 y estar listo para repetir el proceso en caso de recibir otro fotón entrante.

Nota: Por debajo del nivel 2 se encuentran los llamados 'electrones del núcleo', los cuales protegen el núcleo interno del átomo. Los electrones del núcleo rara vez se excitan lo suficiente como para emitir fotones, a menos que las temperaturas extremas sobrecarguen los electrones de valencia del átomo.

Entonces, cuando un electrón de valencia libera un nuevo fotón, por ejemplo de un objeto de color rojo, el fotón incidente saldrá disparado del átomo. En realidad, millones de fotones salen disparados de millones de átomos en el objeto rojo. Así, dondequiera que esté uno mirando al objeto rojo, se podrá recibir los fotones incidentes desde cualquier ángulo.

Algunos átomos tienen más electrones de valencia que otros (entre uno y ocho electrones de valencia). Por ejemplo, los átomos de los objetos rojos normalmente tendrán un solo electrón de valencia. Al otro extremo del espectro de colores, los átomos de los objetos violetas normalmente tendrán 7 electrones de valencia.

Así pues, los objetos de diferentes colores pueden tener diferentes cantidades de electrones de valencia en sus átomos. Existen tablas periódicas de los elementos que enumeran el número de electrones de valencia en cada elemento conocido. Y así, al conocer el color del elemento, se puede saber el número de electrones de valencia por átomo de casi cualquier objeto.

Los electrones de valencia ayudan a mantener la estabilidad de su átomo a que no se sobrecargue de energía. Lo hacen mediante la emisión de fotones incidentes, uno tras otro en rápida sucesión, siempre que los fotones sigan entrando. Esa tasa de emisión depende del número de electrones de valencia en dicho átomo. En la ciencia eso se llama 'emisión espontánea'.

La mayoría de los átomos tienen más de un electrón de valencia, por lo que varios electrones de valencia podrían estar emitiendo fotones dentro de un mismo átomo. Tal tema está bien estudiado y bien comprendido en la ciencia.

Cuanto mayor sea el número de electrones de valencia en un átomo, más rápida será la emisión de fotones. Es decir, un átomo con varios electrones de valencia podrá emitir fotones a un ritmo más rápido que un átomo de pocos electrones de valencia.

Cada electrón de valencia es independiente de cualquier otro electrón de valencia dentro del mismo átomo. Eso permite que varios electrones en un mismo átomo puedan emitir fotones simultáneamente o secuencialmente uno tras otro.

Entonces volvemos a nuestra pregunta: ¿Cómo logra un objeto transmitir su color a nuestros ojos? A continuación está la explicación punto por punto.

1. Vamos a suponer que estamos en una habitación mirando una pared rosada con la luz del día. El color rosado está compuesto de los colores rojo, violeta y azul. La luz del día es absorbida por la pared. Entonces los fotones incidentes se emiten fuera de la pared y cuando llegan a nuestros ojos vemos el color rosado de la pared. Esos fotones incidentes salen de la pared en todas direcciones, en forma de muchos 'pequeños' rayos de luz. Así podemos ver el mismo color rosado de la pared desde prácticamente cualquier ángulo.

2. Cada uno de esos pequeños rayos de luz llevará la misma combinación de longitudes-de-onda, y de esa manera entregará el mismo color rosado a cualquiera que mire la pared. Esa combinación de longitudes-de-onda es específica a la pared rosada. Más que todo, tal combinación es fija y nunca cambia a menos que la pared cambie de alguna manera. Así, cualquier objeto, una taza blanca, un sombrero negro, un sofá rojo, emitirá una mezcla fija e inmutable de longitudes-de-onda a menos que el objeto cambie de color, se mueva, etc.

3. Aunque la pintura rosada está seca, tiene una mezcla de moléculas rojas, violetas y azules las cuales están muy juntas debajo de la superficie de la pintura rosada en la pared. Esa mezcla de moléculas es lo que hace que el color se vea rosado. Esas moléculas de diferentes colores permanecen intactas y separadas, aunque uno no lo pensaría al mirar el único color rosado de la pared. Cada molécula tendrá dos o más átomos, y cada átomo estará absorbiendo fotones y emitiendo fotones incidentes siempre que haya luz en la habitación.

Por ejemplo, los átomos de las moléculas rojas debajo de la pintura rosada emitirán solo un fotón a la vez desde su solitario electrón de valencia. Después de cada emisión, el electrón de valencia vuelve a su nivel 2, y se prepara para el siguiente fotón que llegue. Dado esto, habrá un intervalo de tiempo relativamente largo entre cada fotón emitido, lo que produce una distancia digamos de 720 nm entre cada fotón emitido por el electrón de la molécula roja.

En cuanto a las moléculas violetas debajo de la pintura rosada, los átomos emitirán muchos fotones en rápida sucesión debido a sus 7 electrones de valencia. Eso produce una distancia digamos de 412 nm entre cada fotón emitido. Y para las moléculas azules en la pared rosada, los átomos normalmente tendrán dos electrones de valencia, lo que permitirá una emisión de fotones con una distancia digamos de 493 nm (más distancia que el violeta, pero menos que el rojo).

4. Así, la pared rosada emitirá muchos millones de grupos de fotones en todas direcciones, con una mezcla de longitudes de onda correspondientes a 412 nm (violeta), 493 nm (azul) y 720 nm (rojo). Los primeros en salir de la pared serán los fotones del 412 violeta, seguidos por los fotones del 493 azul y luego del 720 rojo. Salen en esa orden simplemente por la velocidad. Cuanto menor sea la distancia física entre cada fotón movedizo, más rápido será el tiempo-de-viaje de todo el rayo de luz. Recordemos que todos los fotones se mueven a la misma velocidad de la luz, pero, por supuesto, el tiempo-de-viaje de cada rayo de luz variará dependiendo de su mezcla de longitudes-de-onda.

5. Al ser emitidos los fotones, saldrán de la pared rosada en una secuencia repetitiva. Y eso continúa indefinidamente mientras haya luz en la habitación de la pared rosada. Además, el número de fotones de cada color será proporcional. Por ejemplo, la receta de luz (la mezcla de longitudes de onda que transmiten el color rosado) podría ser: 412-412-412-412-493-493-720. Eso les indica a los ojos no sólo qué conos de luz se activa, sino también cuántos conos de cada color hay que activar para dar el tono de color exacto de la pared rosada.

Como se mencionó, las corrientes de fotones que dan 412-412-412-412-493-493-720 será una secuencia repetida (una receta de color repetida, una mezcla inmutable y repetida de longitudes de onda). Por lo tanto, habrá millones de rayos de fotones irradiando desde la pared rosada a todos lados, repitiendo millones de veces la misma receta de luz que llega a nuestros ojos.

Los rayos que salen de la pared van a todos lados porque cuando los electrones de valencia emiten fotones, lo hacen mientras se mueven girando alrededor del átomo. Y todo fotón emitido solo puede viajar en línea recta. Pero la receta de color repetida que se emite es completamente fija e inmutable a menos de algún cambio a la pared rosada.

Por lo tanto, cualquier día que se vea la pared rosada, se verá exactamente el mismo tinte rosado desde cualquier ángulo de la habitación, en cualquier momento dado. Y los ojos recibirán continuamente una repetición de tal receta de color mientras se sigue mirando la pared.

Una última pregunta que pide clarificación es ¿cuándo un rayo de luz entra a los ojos cómo es que nos hace ver el color específico que estamos viendo? Ya se comentó que tenemos tres tipos de conos oculares: onda larga, onda media y onda corta. Cualquier color o matiz de color que se vea será una mezcla de uno a tres tipos de conos. La mezcla, es decir, la proporción de conos de cada uno de los tres tipos de conos, está determinada por la mezcla de longitudes de onda contenidas en el rayo de luz entrante.

Si una longitud-de-onda entrante a los ojos es larga, significa que hay una gran distancia entre los fotones movedizos, y esto hace que los conos de onda larga entren en acción. Lo mismo ocurre con las longitudes-de-onda media y corta que llegan a los ojos. Por ejemplo, si la longitud-de-onda es de 500 nm, esa distancia de 500 nm entre los fotones entrantes activará algunos conos de onda media en los ojos y le indicará a nuestro cerebro que nos haga ver el verde.

No es que los ojos y el cerebro miden las distancias entre los fotones entrantes. Pero esas distancias determinan el grado de calor (energía) del grupo de fotones entrantes. Y eso a su vez determina el color o matiz que se ve. Cada rayo de luz entrante tiene su 'firma' particular de calor la cual determina lo que se ve.

Los libros de biología describen lo antes mencionado de la siguiente manera:

"La exposición de la retina a la luz entrante hiperpolariza los bastones y los conos, eliminando la inhibición de sus células bipolares. Las células bipolares ahora activas estimulan a su vez las células ganglionares, que luego envían potenciales de acción a lo largo de sus axones (las cuales salen del nervio óptico). Por tanto, el sistema visual depende de cambios en la actividad de la retina para así codificar señales visuales que van al cerebro".

Ahora pues, ya sabemos cómo logra un objeto avisar al cerebro qué color ver. En resumen, el número de electrones de valencia en los átomos de un objeto determina la distancia entre cada fotón emitido. Y esas distancias físicas determinan las longitudes-de-onda y, por tanto, el color del objeto que vemos.

No existe ningún color como tal en la naturaleza, ni siquiera el rojo, el verde o el azul. Pero las distancias físicas entre fotones movedizos sí existen en la naturaleza y esas distancias no están coloreadas de ninguna manera. Pero esas distancias reales (las longitudes-de-onda) les dicen a los ojos y al cerebro qué color ver en nuestra mente. Las cámaras fotográficas están diseñadas de forma similar; cuando corrientes de fotones entran a una cámara, las longitudes-de-onda 'le dicen' a la computadora de la cámara qué colores ver y grabar a base de tecnología 'imagen térmica', ya sea fotografía o video.

Nota: Este libro ha descrito de qué forma vemos los colores en cuanto a la naturaleza de la luz, pero para conocer la biología detallada de la visión se insta al lector a investigar las frases "sistema visual" y "visión del color" en fuentes como el Internet y en bibliotecas.

*

¿Cómo funciona un prisma?

La atenuación de la luz se ha mencionado en varios puntos del libro. La atenuación se refiere a la absorción de fotones a los electrones de un objeto o material, seguida de la emisión de fotones nuevos que efectivamente reemplazan a los fotones absorbidos. Se necesita un momento de tiempo para que un electrón pueda absorber un fotón, emitir un nuevo fotón y estar listo para repetir el proceso. A consecuencia de ese momento de tiempo, cada fotón emitido tendrá un intervalo de tiempo entre cada fotón. Ese intervalo de tiempo define la distancia física entre cada fotón en un rayo de luz.

Ciertos objetos y materiales pueden demorar más en atenuar (absorber/emitir) los fotones de luz. Es decir, la composición física del objeto y su color determina la distancia entre cada fotón emitido. Y esa distancia a su vez determina la llamada 'longitud-de-onda' entre cada fotón movedizos en un rayo de luz.

Los fotones emitidos por un objeto se denominan fotones 'incidentes' porque el acto de atenuación pone el mencionado intervalo de tiempo (es decir, distancia física y real) entre cada fotón emitido de manera fija e inmutable. En otras palabras, las distancias entre cada fotón emitido quedan fijos e inmutables para siempre hasta que dichos fotones sean destruidos, o hasta que el objeto que emite los fotones tenga un cambio.

Para reiterar, cuando la luz se atenúa sobre un objeto, la luz que sale del objeto será en forma de nuevos rayos de luz incidentes. Esos rayos incidentes tendrán una distancia fija y permanente entre sus fotones movedizos en el rayo de luz.

Todo lo que vemos en nuestra vida diaria es posible verlo a base de recibir rayos de luz incidentes de cualquier objeto que miremos. Por lo tanto, en cualquier momento, nuestros cuerpos emitirán millones de rayos de luz incidentes, y también millones de rayos de luz incidentes serán recibidos. Por supuesto, nuestros ojos sólo reciben una pequeña fracción de esos millones de rayos de luz, ya que depende de lo que estemos mirando.

Se dice que todos los rayos de luz incidentes son coherentes porque contienen una mezcla específica de longitudes-de-onda que son inmutables (fijos y permanentes). Eso tiene que ser así, de lo contrario una imagen/color se cambiaría de momento a momento. Entonces luz coherente es luz incidente la cual no cambia en cuanto a la mezcla y secuencia de sus longitudes-de-onda.

Ahora consideremos la luz incoherente. Cuando la luz es creada en una bombilla, una linterna, el sol, una lámpara, el fuego, una vela, una estrella, etc., esa luz es incoherente al no ser atenuada todavía. Se caracteriza por ser luz desorganizada, sin ninguna secuencia fija de longitudes-de-onda. Al ser así, la luz incoherente tiene una mezcla desorganizada de todas las longitudes-de-onda en el espectro visible de luz. A tal luz se le llama 'luz incoherente' o luz no-polarizada.

La luz incoherente se crea a partir del calor extremo, como por ejemplo el calor de una bombilla de luz, una llama de fuego, del sol, etc. Ese calor sobreexcita los átomos y hace que los electrones de los átomos emitan fotones desorganizados. Como tal, la luz incoherente no es luz incidente.

Técnicamente, se dice que la luz incoherente es luz no-polarizada porque está desorganizada. Se dice que la luz incidente (luz coherente) es luz polarizada porque es luz organizada con una mezcla inmutable de longitudes-de-onda. Cualquier tipo de luz incoherente, sea cual sea la fuente, no es más que fotones movedizos, ya sea que se mueven con distancias desorganizadas entre cada fotón. Los fotones de la luz coherente e incoherente son idénticos y todos se mueven a la misma velocidad constante de la luz 'c'.

Se mencionó que cualquier luz incoherente que se encuentre dentro del espectro visible se denomina coloquialmente 'luz blanca' lo cual puede causar confusión porque algunas formas de luz blanca también pueden ser luz coherente. Existe la idea errónea de que esa luz blanca de alguna manera transporta todos los colores del espectro visible. Ese concepto erróneo ha surgido principalmente porque si se proyecta luz blanca a través de un prisma, parece dividirse a todos los colores del arcoíris, como en esta imagen (de **derecha** a izquierda):

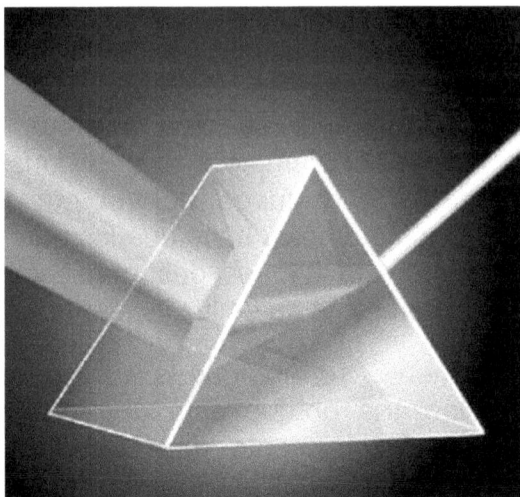

Aquí vemos, de **_derecha_** a izquierda, que la luz blanca entra a un prisma y aparentemente se divide a los colores del espectro visible. Pero no es así.

Entonces, ¿qué sucede? Cuando la luz blanca incide en la cara de un prisma, significa que una gran mezcla de longitudes-de-onda diferentes (incoherentes) inciden sobre el prisma y los fotones se atenúan (se difractan). La luz blanca entrante queda destruida y desaparecida. En su lugar la cara del prisma emite nueva luz incidente hacia dentro del prisma

Se mencionó que la luz blanca contiene una mezcla desorganizada de todas las longitudes-de-onda del espectro visible. Entonces debe tener una mezcla aproximadamente igual de longitudes de onda roja, verde y azul. Es decir, debe haber una combinación de distancias entre fotones de los tres grupos de nanómetros: 620–750 (rojo), 495–570 (verde) y 450–495 (azul). Si no fuera así no veríamos la luz blanca. La mezcla de longitudes-de-onda de luz blanca no tienen que dividirse exactamente en partes iguales entre los tres colores primarios, sino aproximadamente. Esa mezcla de rojo, verde y azul le da al rayo el color blanco.

La mayoría de los fotones de la luz solar (pero no todos) se refractan a través de la atmósfera terrestre incluso en un día sin ver nubes. Hay muchos tonos sutiles de luz blanca según las condiciones climáticas, la cantidad de nubes, la hora del día, etc. Pero de todos modos, cuando vemos luz blanca, en su mayoría parece ser blanca o semitransparente.

Pero aunque la luz del sol esté refractada en su mayor parte, sigue siendo incoherente porque la atmósfera es muy inestable y cambia de un minuto a otro. Se estima que la luz solar o la luz del día que llega a la Tierra tiene longitudes de onda (distancias entre fotones movedizos) que varían entre 200 nm y 2.500 nm, lo que cubre más que completamente todo el espectro visible.

Para aclarar la terminología, luz coherente y luz polarizada significan lo mismo. Ambos se refieren a rayos de luz incidente con una mezcla fija e inmutable de longitudes de onda que dan a los ojos o a un espectroscópico un color determinado.

Del mismo modo, la luz incoherente y la luz no-polarizada significan lo mismo. Ambas frases se refieren a rayos de luz no-incidentes. Es decir, una mezcla aleatoria y desorganizada de longitudes de onda que da a los ojos o al espectroscópico un color blanco en virtud de tener todas las longitudes de onda mezcladas del espectro visible.

Si se intenta comprobar la diferencia entre luz coherente y luz polarizada (o luz incoherente y luz no-polarizada) utilizando Internet y otras fuentes, uno se topa rápidamente con la teoría-ondulatoria-de-luz. Eso conlleva a la confusión y a madrigueras de conejos con menciones de ondas fuera de fase, filtración de ondas, oscilación direccional, planos de vibración, interferencias estacionarias, etc. Dada la naturaleza espuria de la teoría-ondulatoria-de-luz (y el gran malentendido de luz descrito en este libro) esos términos antes mencionados no tienen sentido. No te dejes engañar o desviar a caminos falsos.

Volviendo a los prismas, existen muchos tipos:

Los prismas se utilizan en varios campos como la oftalmología, los instrumentos ópticos y la arquitectura. Se ven comúnmente en telescopios, binoculares, periscopios submarinos, microscopios y algunos usos industriales como espectroscopia y luces láser.

Los prismas disponibles comercialmente normalmente tienen algún tipo de recubrimiento dispersivo diseñado para el uso particular del prisma. La siguiente imagen (de *izquierda* a derecha) muestra un prisma diseñado para mostrar el espectro visible con efecto máximo:

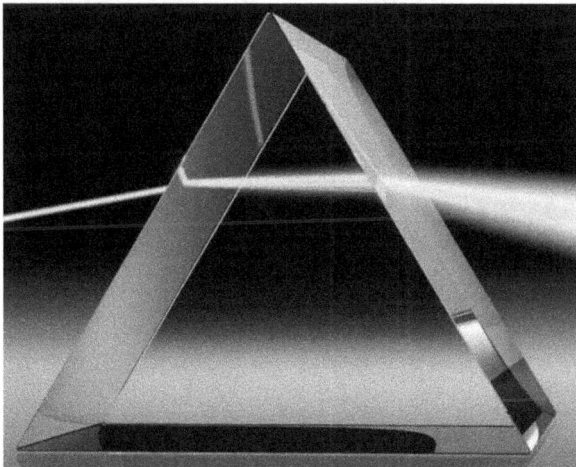

"En óptica, un prisma dispersivo, que suele tomar la forma de un prisma triangular, es un prisma óptico que se utiliza para dispersar la luz en sus componentes espectrales, como los colores del arcoíris" (fuente: prisma dispersivo, Wikipedia.org).

Para lograr dicha dispersión, ciertos elementos como el vidrio N-BK7, pedernal, sílice y otros elementos se muelen hasta obtener un polvo fino la cual es pegada a las caras del prisma para proporcionar un recubrimiento dispersivo. La receta del recubrimiento puede variar según el tipo de prisma que se esté diseñando.

Luego, el recubrimiento dispersivo se pule y se calibra cuidadosamente para darle la translucidez requerida. Entonces, cuando la luz blanca incide a la cara de un prisma, los fotones son absorbidos por el recubrimiento dispersivo, seguido por la emisión de nuevos fotones hacia dentro del prisma. Entran o atraviesan hacia adentro del prisma debido a la forma en que está diseñado el prisma, y también debido a la Ley de Snell.

Los prismas suelen ser hechos de plástico o vidrio transparente de alta calidad y cada paso en la producción de un prisma se calibra cuidadosamente con una precisión muy alta para brindar el efecto requerido de dispersión de la luz.

Si el prisma no tuviera ningún tipo de recubrimiento dispersivo y solo ofreciera una transparencia de muy buena calidad, la luz pasaría directamente a través del prisma prácticamente sin cambios (muy poca atenuación). Si el prisma ofreciera una transparencia mediocre debido a un vidrio o plástico de mala calidad (y sin recubrimiento dispersivo), la luz entrante sólo daría una imagen muy difusa del espectro visible.

Entonces, cuando se incide la luz blanca a un prisma que tenga capa dispersiva, la gran mezcla de muchas longitudes-de-onda diferentes son atenuadas a través de la cara del prisma. Todas las longitudes-de-onda (de la luz blanca entrante) que caen en el espectro rojo (de 620 a 750 nm) se atenuarán al prisma formando un rayo de luz roja distintivo. Lo mismo ocurre con el naranja (de 590 a 620 nm) y así sucesivamente, de modo que se vea todo el espectro visible atravesando el prisma siempre que la luz blanca siga incidiendo.

En la siguiente imagen se ve como cada rayo de color se destaca uno sobre otro, comenzando con violeta:

Dispersión de la Luz a través del Prisma

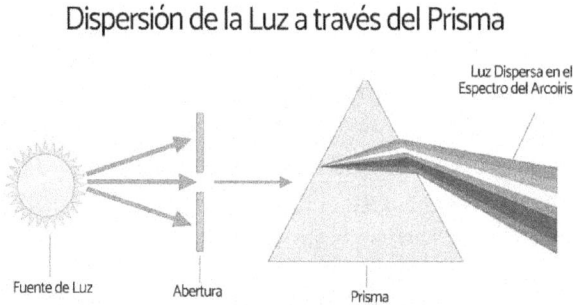

Cada rayo de color que pasa por un prisma es simplemente una corriente de fotones y nada más. Por ejemplo, cuando miramos el color violeta atravesando un prisma, estamos mirando un rayo de fotones movedizos con una mezcla de longitudes-de-onda todas las cuales caen en el rango de 380-450 nm.

Cada uno de los rayos atravesando el prisma es un rayo incidente, Es decir, es un rayo coherente la cual contiene su receta de color inmutable. Podemos ver que el rayo es de color violeta porque mientras lo vemos nos manda su receta para tal color.

Se dijo que cada color se destaca uno sobre otro, pues siempre lo hacen en el mismo orden. Eso se debe a la rapidez de atenuación de la luz blanca entrante. Por ejemplo, las longitudes-de-onda más cortas en la luz blanca entrante serán las de violeta con un rango de 380-450 nm. Esas serán atenuadas más rápidamente, juntándose todas a formar un solo rayo de violeta incidente. Se juntan porque se atenúan a velocidades similares, formando así un grupo de longitudes-de-onda similares.

Ese rayo violeta gana a los demás rayos en tener la distancia más corta entre cada fotón movedizos. A raíz de eso, fotones con longitud-de-onda violeta salen primero dentro del prisma. Detrás del violeta sale azul, verde, etc. Rojo, por tener las longitudes-de-onda más largas sale al último.

En fin, la luz que entra al prisma toma la forma de rayos de color distintos, los cuales corresponden a su velocidad de atenuación (refracción).

Cuando los rayos incidentes atraviesan el prisma, lo hacen a un ángulo determinado. Ese ángulo está determinado por la Ley de Snell. En breve, la ley de Snell describe la relación entre los ángulos de incidencia y refracción. La ley de Snell funciona mejor en medios homogéneos como vidrio, prisma, agua, gas, etc. A fondo, el ángulo de incidencia y refracción es causado por la gravedad.

Dado que los fotones nunca pueden cambiarse de dirección o de ángulo, lo que sucede es que los fotones recién emitidos van enseguida a su nueva dirección de emisión dentro del medio o prisma. Esa nueva dirección envía los fotones ligeramente hacia una línea imaginaria que está perpendicular al horizonte de la cara del prisma, tal como se muestra en la siguiente imagen (para más información técnica consulte "fuerza normal" y "Ley de Snell" en Wikipedia.org):

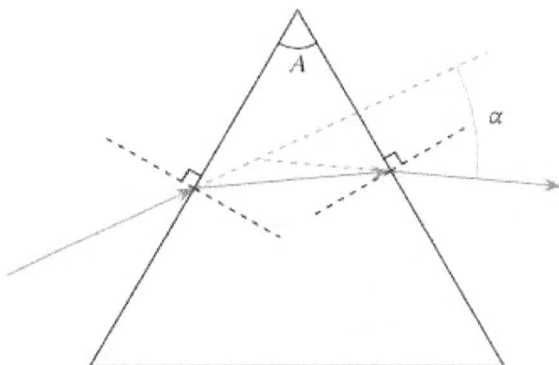

En la imagen, el triángulo representa un prisma y la línea sólida con flechas (de izquierda a derecha) representa el camino que sigue la luz al entrar, atravesar y salir del prisma. Cuando la luz entra se refracta. Y cuando la luz sale del prisma se refracta nuevamente.

Como se mencionó, la Ley de Snell dice que cuando la luz entra a un medio como el agua o un prisma, la luz irá a un ángulo ligeramente hacia la perpendicular la cual está representada en la imagen en forma de líneas punteadas a 90 grados de la cara del prisma. Así mismo, cuando la luz sale del prisma lo mismo sucede. La Ley de Snell está bien estudiada y aceptada en la física.

Hemos mencionado que la teoría ondulatoria-de-luz está muy arraigada en la física contemporánea. Eso se explicó en la sección*' ¿Cuál es el gran malentendido de la luz?'*. A consecuencia, casi cualquier tipo de investigación o estudio sobre la naturaleza de la luz está destinado a chocar contra conceptos erróneos sobre la luz. A continuación se dan tres ejemplos:

Ejemplo erróneo uno

"Al pasar a través del prisma, la luz blanca se divide en sus colores del arcoíris que la componen. Esa división de la luz blanca a sus distintos colores se conoce como dispersión. El prisma hace que la luz se ralentice, curvando su camino por el proceso de refracción. Cada color es causado por una frecuencia de onda distinta (tasa distinta de oscilaciones electromagnéticas). Esas diferentes frecuencias de onda hacen que los colores de la luz se curven a varios ángulos al pasar a través de un prisma".

Todo es incorrecto en este ejemplo. La luz blanca no se divide en los colores del arcoíris. Los colores de un prisma no están determinados por una 'frecuencia de onda'. Los fotones de luz nunca se ralentizan. La frecuencia de luz no tiene nada que ver con las oscilaciones electromagnéticas, y la luz nunca puede curvar bajo ninguna circunstancia.

Ejemplo erróneo dos

"La recombinación de luz es el fenómeno en el cual un rayo de luz blanca, una vez descompuesto, pasa por un proceso que vuelve otra vez a transformarlo a un rayo de luz blanca. Es decir, es un proceso inverso al otro".

Lo anterior dicho es enteramente falso, y la siguiente imagen también es falso:

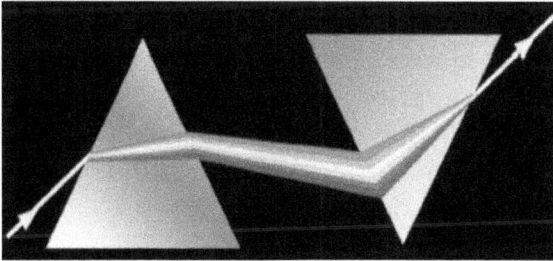

Toda luz que salga de un prisma, esté o no esté invertida, siempre sale en forma de luz atenuada. Es decir, tal luz es absorbida y nueva luz es emitida, sin ninguna forma de recombinación. Si la cara saliente del prisma ofrece transparencia de alta calidad, la luz saldrá mayormente sin atenuación (tal como está). Es decir, no hay circunstancias en que los colores dentro del prisma puedan unirse o recombinarse a luz blanca al salir.

La siguiente imagen muestra la realidad y la verdad del caso, todo de acuerdo a la Ley de Snell:

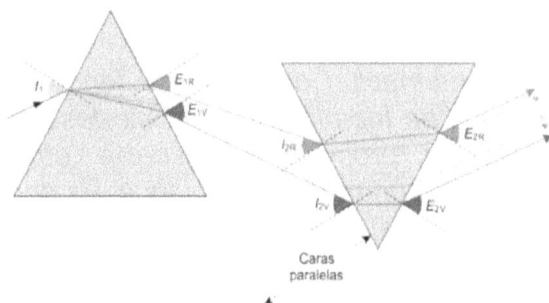

Caras
paralelas

Claro está que si es posible arreglar montajes complejos en que la luz saliente de un prisma es a la fuerza luz blanca. Eso se logra usando una serie de vidrios cóncavos, espejos y prismas/focos especiales. Y aun así, la luz blanca saliente será luz atenuada nueva, sin ninguna forma de recombinación de luz.

Ejemplo erróneo tres

E aquí otro ejemplo falso: *"Cuando la luz blanca incide sobre un objeto de color, una parte del espectro visible es absorbida por el objeto y la otra es reflejada y registrada por el ojo humano. Esas ondas de luz reflejadas son las que determinan el color del objeto. Los colores que visualizamos son, por tanto, aquellos que los propios objetos no absorben, sino que los propagan".*

Este ejemplo también es enteramente falso. Ningún tipo de luz puede rebotar o reflejar de un objeto. Y aunque fuera cierto, no se explica en la ciencia como logra la luz reflejada captar el color de un objeto.

148

La verdad es que la teoría-ondulatoria-de-luz no abarca el concepto de la absorción y emisión de luz de los objetos, entonces obligatoriamente tal teoría dispone de otros conceptos falsos. La Wikipedia correctamente declara lo siguiente:

"La teoría ondulatoria... es incapaz de explicar los fenómenos de absorción y emisión de luz por la materia, o la interacción entre materia y radiación" (fuente: Wikipedia.org).

Es muy lamentable que tales conceptos erróneos estén tan extendidos en la ciencia y que siguen enseñándose tan comúnmente.

Para terminar con el tema del prisma, a continuación se muestra una fotografía única de un hilo de seda de telaraña:

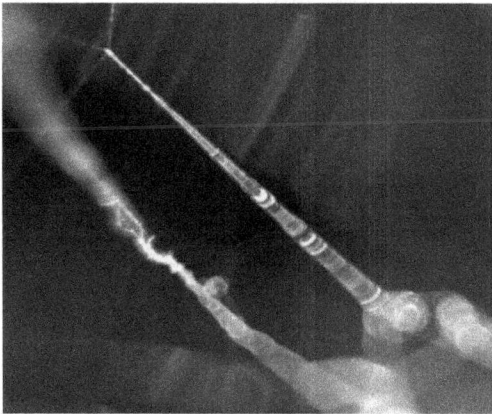

Por cortesía de Oswaldo (Owi) Ponce

La seda de araña es generalmente redonda, semi-translúcida y semi-hueca. Está elaborado de una

149

mezcla aberrante de aminoácidos. Entonces, cuando la luz del sol incide en un hilo de seda, la luz se refracta en el hilo. Luego, los fotones de luz refractados golpean diferentes aminoácidos a lo largo del hilo. Cuando eso sucede, la luz nuevamente se refracta dentro y fuera de cada aminoácido. Entonces lo que observamos son los diferentes colores de luz emitidos por cada aminoácido diferente, y así varios rayos de luz con mezclas de longitudes-de-onda van hacia nuestros ojos. Un prisma maravilloso de la naturaleza.

*

¿Es correcta la teoría cuántica de la luz?

La teoría cuántica de la física (igual que la teoría cuántica de la mecánica) fue propuesta originalmente por Niels Bohr y Max Planck. Más tarde, Albert Einstein propuso la teoría cuántica en relación específicamente a la propagación de la luz. Inspirándose en la 'Ley de Planck', Einstein propuso que la luz se mueve en forma de partículas discretas de energía (cada partícula se conoció más tarde como fotón). Hasta ese punto Einstein estuvo correcto, pero continuó a decir que cada fotón lleva una cantidad de energía igual al producto de la frecuencia de vibración de ese fotón, calculado con la constante de Planck.

Por 'frecuencia de vibración' Einstein se refiere a la tasa de oscilaciones electromagnéticas del fotón. Claramente eso es incorrecto porque está diciendo que la tasa de oscilaciones electromagnéticas determina el nivel de energía de un fotón determinado, otorgando así a los propios fotones diferentes niveles de energía.

Esa propuesta incorrecta de Einstein consolidó la creencia en la teoría-ondulatoria-de-luz y en la dualidad partícula/onda de luz. En resumen, la teoría cuántica de luz condujo al gran malentendido de la luz, como ya se explicó.

Desafortunadamente, la teoría-ondulatoria-de-luz del siglo XX se ha transformado a la física cuántica

151

del siglo XXI. Muchos lo consideran la base de la física contemporánea en lo que se refiere a partículas subatómicas. Así pues, la física cuántica está firmemente arraigada en la creencia de que las oscilaciones electromagnéticas de los fotones determinan su energía y, por tanto, la frecuencia de luz. Eso es totalmente falso; no hay manera más suave de decirlo.

No hay ningún intento de menospreciar la física cuántica o sus seguidores. Sin duda, científicos eminentes como Bohr, Planck, Einstein, Broglie, Huygens y otros han contribuido en buena fe al desarrollo de la física cuántica. Además, se considera que la física cuántica ha inspirado el desarrollo de cosas como láseres, diodos emisores de luz, transistores, imágenes médicas, microscopios electrónicos y muchos otros aparatos modernos.

Pero ninguno de esos aparatos e inventos utiliza o depende de la teoría-ondulatoria-de-luz. Cuando dicen que esos desarrollos técnicos provienen de la 'física cuántica', lo dicen simplemente porque es el nombre genérico que damos a la física cuántica contemporánea.

Entonces, aunque la física cuántica está muy errónea en cuanto a la naturaleza de la luz, tal física nos ha sido de gran utilidad. Se espera que con el tiempo se reconozca el gran malentendido de la luz, lo cual colocará a la física cuántica en un terreno más firme e impulsará nuestro conocimiento de las partículas subatómicas.

Albert Einstein, considerado un pionero de la teoría cuántica, siempre se mostró escéptico al respecto. Él dijo famosamente *"Dios no juega a los dados"* en referencia a la aleatoriedad e incertidumbre inherente en la física cuántica. De hecho, muchos físicos contemporáneos como Roger Penrose y otros piensan que la mecánica cuántica simplemente no tiene fundamento.

Nosotros los humanos no somos capaces de aplicar leyes deterministas a la física de las partículas subatómicas porque tales partículas son muy pequeñas y se mueven muy rápido. En vez, lo que hacemos es usar leyes probabilísticas (conjeturas) en cuanto a las partículas subatómicas: es lo mejor que podemos hacer dado nuestro nivel actual de ciencia.

Pero eso no significa que tengamos que aceptar lo irracional y contradictorio de la física cuántica, así como en los ejemplos a continuación:

1. Que la luz es a veces una onda de múltiples fotones acoplados, y a veces se compone de rayos de fotones separados (la llamada 'dualidad de la luz').

2. Que mientras no se observa la luz, sus partículas no pueden existir ni como onda ni como partícula. Si es así, ¿qué forma de existencia disfrutan esas partículas mientras no son observadas?

3. Que los experimentos de doble rendija muestran cómo algunos fotones pasan por ambas rendijas

simultáneamente, es decir, que un solo fotón pasa por ambas rendijas al mismo tiempo. Luego, después de esto, el fotón dividido se une nuevamente a ser un solo fotón. Se dice que eso ayuda a la formación de una sola onda al otro lado de la lámina de dos rendijas. Y que también explica cómo se produce la llamada interferencia de ondas de luz mientras se dirige hacia la pantalla del detector de fotones.

4. Que el acto de observar partículas subatómicas cambia su comportamiento mientras son observadas. Claramente, el acto físico de disponer el equipo de observación puede perturbar y cambiar el comportamiento de las partículas a observar. Pero es absurdo afirmar que ese cambio de comportamiento continúa mientras sean observadas. En otras palabras, se postula que el acto mismo de ser observado es lo que cambia su comportamiento, no la perturbación física causada por el equipo de laboratorio.

5. Que dos partículas, como por ejemplo un par de electrones o fotones, siguen unidos aun cuando están separados a larga distancia. La llamada 'entrelazamiento cuántico' postula que si dos fotones (o dos electrones) son separados el uno del otro, eso no impide que ambos fotones sigan enredados en el sentido de que cada fotón es afectado por lo que haga al otro fotón. Es decir que hay alguna forma de comunicación instantánea entre tales dos fotones, aun si están separados a miles de kilómetros.

6. Que las partículas subatómicas pueden estar en múltiples lugares al mismo tiempo, es decir, que una determinada partícula puede estar en varios lugares diferentes a la vez. Esto se llama 'superposición cuántica'. Pero la teoría dice que si intentas observar ese fenómeno, la superposición desaparece de tal manera que nunca es posible verlo.

7. Que la luz es al mismo tiempo un fenómeno ondulatorio y partícula. La llamada teoría 'Pilot Wave Theory' (también conocida como teoría de Broglie-Bohm) postula que la dualidad partícula/onda de la luz no es un fenómeno de uno u otro dependiendo del contexto. Que las ondas de luz viajan como ondas, pero también transportan fotones autónomos separados y secretos que no podemos ver. Tal teoría ha sido en gran medida descartada por la física contemporánea en el contexto de cómo se comporta y propaga la luz.

No se niega la posibilidad de cosas extrañas en el mundo de las partículas subatómicas que todavía no comprendemos. Pero hasta el momento, ninguno de los fenómenos antes mencionados ha sido verificado experimentalmente y de manera creíble. Esos ejemplos entre otros reflejan la naturaleza muy dudosa de la física cuántica. Muchos científicos piensan que la física cuántica del siglo XXI está a cabo de un cambio de dirección monumental. El primer paso en esa nueva dirección comienza con la comprensión de la verdadera naturaleza de la luz tal como se postula en este libro.

*

La Constante de Eaton

El físico alemán Max Planck presentó su llamado 'Constante de Planck' en 1900 como parte de sus esfuerzos por formular la Ley de Radiación de Planck (también llamada "Ley de Planck"). La Ley de Radiación de Planck intentó explicar cómo irradia la luz de los objetos. Por ejemplo, postuló que cuando se aplica calor a un objeto, su temperatura aumenta y comienza a emitir luz.

Eventualmente se demostró que la Ley de Radiación de Planck era algo infundada. Sin embargo, Planck estimuló varias investigaciones que avanzaron el conocimiento de la física cuántica.

Parte del problema de la Ley de Radiación de Planck son sus complicadas ecuaciones matemáticas que se consideran demasiado largas, difíciles e inverosímiles. Además, hizo suposiciones contradictorias en diferentes momentos, como ha señalado Albert Einstein.

Respecto a la constante de Planck, Max Planck se adelantó a su tiempo al postular que la luz se crea o se emite en forma de corrientes de fotones separados y no en forma de ondas de múltiples fotones unidos. En eso tenía razón, pero Planck se equivocó al postular su famosa 'constante'. De hecho, la constante de Planck no es constante.

La constante de Planck sólo puede dar aproximaciones matemáticas, nunca un cálculo matemático preciso y duradero. Por ejemplo, se hicieron muchos esfuerzos intentando utilizar la constante de Planck para definir un kilogramo de peso para no depender de un pedazo de metal almacenado en una bóveda cerca de París.

Ese esfuerzo fracasó porque la constante de Planck sólo puede dar aproximaciones. Finalmente, después de muchos años, la constante de Planck tuvo que cambiarse a una ecuación diferente para que funcionara como una constante que sirva para la definición de un kilogramo de peso.

"El Comité Internacional de Pesas y Medidas (CIPM) aprobó una redefinición de la constante de Planck ajustando la constante para que sea exactamente 6,62607015×10−34 kg·m2·s−1 en lugar de 6,626 x 10^-34 julios-segundo. La nueva definición entró en vigor en 2019" (fuente: extracto abreviado de *'Kilogramo'*, Wikipedia.org).

"Los físicos de principios del siglo XX sobreestimaron la constante de Planck, y eso dio lugar a constantes universales que no existen en sí mismo en el mundo real" (fuente: Koshun Soto, et al, The Planck Constant Was Not a Universal Constant, Journal of Applied Mathematics and Physics, Vol.8 No.3, marzo de 2020).

La razón por la cual la constante de Planck nunca puede ser una constante es porque nace de la errónea teoría-ondulatoria-de-luz. Esa postula que la energía de luz está determinada por la tasa de velocidad de las oscilaciones electromagnéticas de los fotones.

La constante de Planck fue postulada para calcular el aumento de energía de un fotón en base de sus oscilaciones electromagnéticas, pero no es así. La energía de un fotón es siempre la misma y sus oscilaciones electromagnéticas tampoco cambian, lo que hace que la constante de Planck carezca de fundamento.

De hecho, la constante de Planck se ha convertido en una ecuación sin sentido, por lo que aquí se sugiere su reemplazo.

La Constante de Eaton

La velocidad constante de la luz se mantiene constante gracias a la velocidad constante de sus oscilaciones electromagnéticas. Por lo tanto, el autor Russell Eaton sugiere humildemente que una oscilación electromagnética de un fotón es una buena constante confiable. Tal oscilación se considera la unidad de energía más pequeña posible que se puede medir.

"Los fotones son las partículas más pequeñas posibles de energía electromagnética y, por tanto, también las partículas de luz más pequeñas posibles" (fuente: Photons, Oficina de Ciencias, Departamento de Energía, Washington, EEUU).

159

El valor numérico de la constante de Eaton es equivalente a la energía de un fotón, expresada en julios. Para calcular ese valor se debe tener en cuenta los siguientes siete puntos:

1. Una sola oscilación electromagnética es la energía total de un solo fotón. No hay diferencia entre la energía de una oscilación electromagnética y la energía total de un fotón.

2. Una oscilación de un solo fotón se refiere a un solo cambio de electricidad al magnetismo (o viceversa).

3. Un solo fotón no puede tener una longitud-de-onda ni tampoco una frecuencia. Es así porque una longitud-de-onda es la distancia entre dos fotones movedizos. Y la frecuencia es la concentración de fotones en un rayo de luz determinado. Por lo tanto, cualquier cálculo del valor de la constante de Eaton no puede incluir valores de longitud-de-onda o frecuencia en los cálculos.

4. La cantidad de energía de un solo fotón es la cantidad de energía que le da el electrón al fotón en el momento de la creación del fotón. Todo fotón es creado con la misma cantidad de energía y de la misma manera. Por tanto, la constante de Eaton es igual a la energía liberada por un electrón en la creación de un fotón.

5. Para evitar ambigüedades, la constante de Eaton se basa en el átomo de hidrógeno y en un electrón de valencia que salta del segundo nivel al

160

tercer nivel para liberar (crear) un fotón. La constante se expresa en electronvoltios (electrón o electro voltios) de energía. Por tanto, la constante de Eaton está dada como 3,02 x 10^ (-19) julios. Eso también puede interpretarse como *"3,02 x 10 elevado a -19 julios"*.

6. Se aprecia que cuando un electrón de valencia absorbe la energía de un fotón saltará a un nivel orbital superior para liberar un nuevo fotón. Por lo tanto, la energía absorbida por dicho electrón siempre será la misma cantidad de energía sea cual sea el nivel orbital al que salte. Así, para evitar ambigüedades, el punto 5 anterior menciona el salto del nivel 2 al nivel 3 en el cálculo de la constante de Eaton. Pero en realidad el salto del nivel 2 a cualquier otro nivel se puede utilizar con el mismo resultado matemático porque la energía absorbida de un fotón por cualquier electrón de valencia siempre será la misma. Un electrón siempre liberará la misma cantidad de energía absorbida del fotón.

7. Las matemáticas de la constante de Eaton al calcular *'3,02 x 10 ^ (-19) julios'* es la misma matemática que se utiliza normalmente para calcular la energía absorbida por los electrones al saltar a niveles orbitales. Entonces la pregunta matemática es: si un electrón en un átomo de hidrógeno salta del segundo nivel al tercer nivel orbital, ¿cuántos julios de energía son absorbidos por el electrón? La respuesta es 3,02 x 10^ (-19) julios. La energía de un fotón absorbida por cualquier electrón de valencia siempre será la misma fuerza de energía.

Nota: La naturaleza espuria de la teoría-ondulatoria-de-luz descrita en este libro se basa en que los electrones puedan absorber diferentes niveles de energía de las ondas-de-luz entrantes. Eso conlleva a que los fotones sean absorbidos y emitidos a diferentes niveles de energía de luz, dotando así a los fotones con diferentes niveles de energía. Esto se considera sin fundamento.

Como se mencionó, la constante de Planck es ambigua y sin fundamento porque no dispone una medida de precisión, sólo da aproximaciones. Pero una oscilación de un fotón si se puede medir con mucha precisión y, por supuesto, la energía de cualquier oscilación de un solo fotón es igual a la energía de cualquier oscilación electromagnética singular, de cualquier fotón en cualquier parte del universo.

El objetivo de una constante matemática es que deberá servir como un punto de referencia preciso y confiable en el 'mundo real' y que nunca cambia. Por lo tanto, usar la energía de una oscilación de un fotón dispone una constante perfecta y simple, y se mantiene constante por estar 'atada' a la velocidad constante universal de la luz.

En su día, Planck y aquellos involucrados en la teoría-ondulatoria-de-luz no pudieron considerar la oscilación de un fotón como una constante debido a la creencia errónea de que la tasa de las oscilaciones de los fotones determina la energía de los fotones, y que la energía de un fotón puede variar de un fotón a otro. Esas creencias condujeron a la constante errónea de Planck.

*

¿Cómo se mide la energía de la luz?

En una sección anterior del libro se demostró que la energía de un haz de luz o de radiación electromagnética depende de la concentración o densidad de fotones. La distancia física y real entre los fotones movedizos determina la cantidad de fotones (su frecuencia) y, por lo tanto, el grado de energía en todo un rayo o grupo de fotones. Cuanto más agrupados estén los fotones, mayor será la energía. Pero ¿cómo se expresa exactamente el grado o la intensidad de la energía en la física contemporánea?

Existen diversas maneras de calcular la energía electromagnética. Para complicar aún más las cosas, también existen varios tipos de energía, además de diversas definiciones de energía, como la cinética, nuclear, potencial, térmica, química, eléctrica, etc.

Para simplificar y ajustarnos al alcance de este libro, nos limitaremos únicamente a la energía electromagnética y a cómo se expresa y cómo se calcula dicha energía en física. Una fórmula bien conocida para tal propósito es E=hf:

E: representa la energía de un rayo o grupo de fotones dado, normalmente medida en julios (J) por segundo.

h: es la constante de Planck, aproximadamente igual a $6,626 \times 10^{-34}$ julios-segundos (J·s).

f: representa la frecuencia de la radiación electromagnética, medida en Hertz (Hz), que son ciclos por segundo.

La energía de la luz puede variar enormemente, desde las ondas de radio hasta los rayos gamma, y normalmente tal energía se expresa en forma del grado de energía en una muestra de un segundo.

Históricamente, esa fórmula fue propuesta por primera vez por Max Planck en 1900, cuando intentaba calcular la cantidad de energía que escapaba de diversos objetos (los experimentos de 'cuerponegro'). Desde entonces, los científicos han intentado usar la ecuación E=hf para calcular la cantidad de energía presente en un haz de luz o radiación electromagnética. Esos esfuerzos han fracasado porque, como ya se mencionó en la sección "La constante de Eaton", la constante de Planck (h) no es una constante verdadera.

En cuanto a la frecuencia en la ecuación E=hf, esta se puede calcular de la siguiente manera:

La longitud de onda es la distancia entre los fotones movedizos en una muestra de luz dada. Eso se puede calcular de forma aproximada para cualquier color conocido en el espectro visible. Por ejemplo, si se observa agua azul o una pelota-de-playa azul, se sabe que la luz azul que llega a los ojos tiene una longitud de onda (distancia entre fotones movedizos) de aproximadamente 650 nm.

Si el tono de color es una mezcla de diferentes longitudes de onda que llegan a los ojos, entonces se calcula el promedio de las diferentes longitudes de onda. Luego, conociendo la longitud de onda, se calcula la frecuencia al dividir la velocidad de la luz por la longitud de onda.

Al leer este libro, sabrás que la falacia de la constante de Planck radica en que no es una constante, ya que postula que la energía de un fotón proviene de la velocidad de sus oscilaciones. Debido a tal falacia, todos los intentos en usar E=hf en la física moderna han fracasado, a menos que se haya modificado el elemento «h» de la ecuación para aumentar su precisión.

El autor no pretende menospreciar a Max Planck. La constante de Planck nos ha sido muy útil y ha impulsado otros avances en la física. Hoy en día, cualquiera que utilice la fórmula E=hf puede considerar alternativas para el uso de «h» para mayor precisión, como por ejemplo la constante de Dirac, la constante de Boltzmann, la constante de Avogadro, o la constante del kilogramo. Y por supuesto, la constante de Eaton descrito en este libro.

En la física contemporánea, la fórmula E=hf ya no se utiliza para medir con precisión la energía de la luz o de la radiación electromagnética. Es mucho más fácil, preciso y sencillo utilizar la espectroscopia computarizada moderna para tal tarea.

Eso consiste en analizar una muestra de luz o electromagnetismo a medida que pasa por un espectroscopio. La luz se descompone a sus colores constituyentes. El tono de color resultante indica la energía de la luz o el electromagnetismo. Recuerda que los colores indican la distancia entre los fotones movedizos, y al conocer esa distancia (es decir, la longitud de onda) el espectroscopio proporciona la concentración (es decir, la frecuencia) de fotones en la muestra analizada. El grado de concentración fotónica determina el grado de energía.

*

¿Qué es el brillo de la luz?

El brillo de la luz depende de su energía. Consideramos que los términos luminosidad y brillo significan lo mismo, aunque semánticamente algunos argumentan que existe una diferencia según la percepción y la distancia a la fuente de luz.

Una pregunta frecuente es si el brillo de los objetos cósmicos disminuye gradualmente. A escalas humanas, por más lejos que esté el objeto que origina o emite la luz, el brillo de la luz recibida en la Tierra permanece igual asumiendo que no hay un cambio significativo en el estado del objeto que origina o emite la luz.

A medida que la luz avanza, sus rayos de luz se expanden continuamente hacia los lados, como la cara creciente de un cono. Eso significa que cuando un observador recibe dicha luz, la luz se habrá vuelto 'más tenue' a raíz de que menos rayos de luz llegan al observador.

Pero como esa luz se produce continuamente (como si fuera un rayo de luz continuo entre una estrella y la Tierra, cada vez que nos sumergimos en el rayo para verlo, no habrá cambiado, y no estará más tenue de lo que ya es. Claro está que a escalas de tiempo humanas tales rayos no han de cambiar.

Otra consideración es que se sabe que la luz del sol y la luz de las estrellas son muy letales para los seres humanos porque son en su mayoría rayos gamma. Pero suceden dos cosas: en primer lugar, cuando los rayos gamma llegan a la Tierra, se han adelgazado mucho debido a la forma en que la luz se propaga a medida que avanza. Y en segundo lugar, debido a la refracción de la luz, la atmósfera de la Tierra destruye los rayos gamma restantes.

El brillo o luminosidad de la luz puede variar si no proviene de un cuerpo cósmico distante. Como todos sabemos, la luz se vuelve menos brillante cuanto más lejos está la fuente de luz. El grado de brillo o luminosidad depende de la frecuencia de dicha luz. Y la frecuencia depende de la concentración (densidad) de los fotones en dicha luz.

Se debe tener en cuenta que el brillo de la luz depende de la frecuencia, es decir, depende de la concentración de fotones en un haz de luz. Así pues, cuanto mayor sea la densidad de fotones en un rayo de luz, mayor será el brillo. La intensidad del brillo o luminosidad depende completamente de la frecuencia de luz, y la frecuencia depende enteramente de los intervalos de tiempo (las distancias físicas) entre los fotones movedizos. En breve, la densidad de los fotones determina la intensidad del brillo.

*

¿Por qué la luz no cambia de velocidad?

Eso es como preguntar por qué una persona no puede volar como un pájaro. No es nuestra naturaleza volar como un pájaro. Del mismo modo, no es natural que la luz pueda ralentizarse, acelerarse o detenerse. La naturaleza de la luz es muy simple: se mueve a la velocidad constante 'c', y siempre va en línea recta.

Como se mencionó, en la física se postula que la luz es impulsada por sus oscilaciones electromagnéticas, y es así. Dado que la luz se mueve a una velocidad constante de c (a menos que algo se interponga en su camino), se deduce que la tasa de oscilación electromagnética es la misma para todos los fotones. En otras palabras, la tasa de electromagnetismo oscilante (común a todos los fotones) es la que fija la velocidad constante de la luz en todas partes.

Nota: No confundas la oscilación del electromagnetismo con la frecuencia de luz. La tasa de oscilación determina la velocidad universal c de la luz, por lo que todos los fotones oscilan a la misma velocidad. No existe relación entre la tasa de oscilación y la frecuencia de luz (recuerda el mencionado 'gran malentendido').

En el momento de la creación o emisión de la luz, tal luz comienza su viaje a la velocidad máxima de la luz. Es decir, no comienza acelerando hasta llegar a su máxima velocidad constante. Y la luz nunca puede parar a menos que algo se interponga en su camino. Veamos algunos ejemplos de cosas que obstaculizan la luz.

Cuando la luz incide sobre una superficie metálica: Cuando eso sucede, los fotones son absorbidos por los átomos del metal (el fotón que entró es destruido o cambiado). Luego, los electrones de dichos átomos emiten fotones nuevos y diferentes, los cuales reemplazan a los fotones entrantes. Entonces la luz entró en el metal y del metal salió una luz diferente. Es decir que la luz no rebotó en el metal (no se reflejó). Algunas superficies metálicas densas, como el plomo, absorben la luz y casi no emiten luz incidente. Coloquialmente, se dice que la superficie del plomo no es reflectante. Como promedio se dice que el metal emite hasta un 70% de la luz recibida.

Debemos tener claro que la luz nunca se refleja bajo ningún concepto, y nunca puede rebotar en algo, ni siquiera en un espejo. Pero coloquialmente utilizamos a menudo la palabra 'reflejo' en referencia a la luz que vemos a nuestro alrededor. Como se mencionó, casi todo lo que vemos es posible verlo gracias a la luz incidente. Es decir, cuando la luz incide en un objeto, es absorbida por los átomos del objeto y luego los electrones de los átomos emiten una luz nueva (diferente) conocida como luz incidente. Como ya hemos comentado, cuando vemos un automóvil, la imagen del automóvil que vemos con nuestros ojos se deriva enteramente de la luz incidente.

Nota: Cuando la luz incide sobre una superficie en ángulo, la luz incidente sale al mismo ángulo de acuerdo a la Ley de Snell, como se muestra en la siguiente imagen:

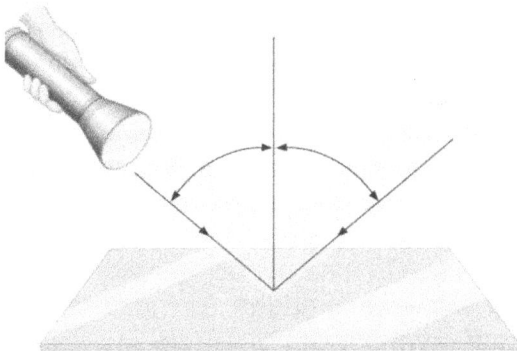

Cuando la luz incide en un espejo: Cuando eso sucede, es similar a cuando la luz incide sobre el metal, excepto que en los espejos al menos el 95% de la luz vuelve a salir en forma de luz incidente.

¿Qué pasa cuando te miras en un espejo? (Puntos A - E a continuación).

A. Supongamos que estás mirando el espejo de un baño rodeado de luz natural o artificial. Dado que estás rodeado de esa luz, todos los alrededores incluyendo todo tu cuerpo, ropa y cara, están continuamente atenuando la luz recibida. Entonces a base de la atenuación, todos los alrededores (incluyendo tu cuerpo, ropa, etc.) están emitiendo luz incidente.

B. Si las personas no emitieran luz incidente continuamente, no podríamos verlas. Eso significa que algunos de los fotones emitidos por tu cara van en línea recta hacia el espejo que estás mirando.

C. A medida que esos muchos millones de fotones incidentes viajan de tu cara al espejo, son atenuados por los átomos del espejo. Así, los electrones de esos átomos del espejo emiten nueva luz incidente en forma de fotones incidentes que salen del espejo en todas direcciones, y algunos de esos fotones llegan a los ojos.

D. La siguiente imagen (en inglés), cortesía de explicatuff.com, muestra cómo los rayos de luz (corrientes de fotones incidentes) salen de tu cara y golpean el espejo. Luego, esos fotones incidentes son 'reflejados' al mismo ángulo. En esta imagen, la palabra 'reflejado' se usa coloquialmente con referencia a la absorción y emisión de luz incidente.

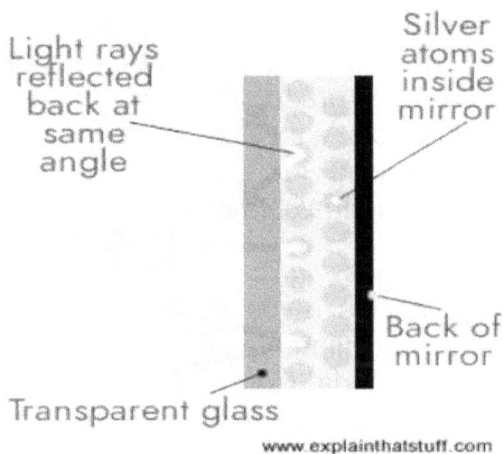

Light rays reflected back at same angle

Silver atoms inside mirror

Back of mirror

Transparent glass

www.explainthatstuff.com

Mientras miras al espejo, el espejo emitirá continuamente fotones incidentes en todas direcciones, en líneas rectas. Algunos de esos fotones terminarán yendo en línea recta desde el espejo hasta tus ojos.

E. Como se explicó anteriormente, los fotones incidentes que van desde el espejo hasta los ojos, llegan en un tiempo-de-viaje un poco más largo (más despacio) que la velocidad de la luz debido a un intervalo-de-tiempo más largo entre cada fotón incidente. Ese intervalo-de-tiempo más largo es captado por los ojos y el cerebro, y traducido a un color particular que corresponde con el intervalo-de-tiempo mencionado. Entonces, los diferentes tiempos de viaje de los fotones que llegan a los ojos le dan al cerebro los muchos colores que se ve en la imagen de la cara. Eso se explica con más detalle en la sección ¿Cómo vemos los colores?

175

Recuerda que cuanto mayor sea el tiempo-de-viaje de un rayo de luz incidente, más baja será su frecuencia. El grado de lentitud determina la frecuencia y ésta, a su vez, determina el espectro de colores de dicha luz. Si esto es confuso, mira nuevamente la *'Analogía de dos cuerdas'*.

Hay muchos millones de tiempos-de-viaje diferentes en los rayos de luz incidentes, y cada tiempo-de-viaje diferente es una mezcla diferente de longitudes-de-onda. Como se explica en la sección "¿Cómo vemos los colores?", la luz incidente transporta una mezcla de distancias entre los fotones movedizos. Esas distancias son causadas por el tiempo que tardan los electrones en absorber y luego emitir la luz incidente.

Sea cual sea la distancia entre dos fotones movedizos, esa distancia física se denomina longitud-de-onda. Y esa longitud-de-onda (es decir, distancia) es la que determina el color que se ve en el cerebro.

Para terminar con el espejo, a veces vemos 'reflejos' de cosas en la naturaleza, por ejemplo en el agua, el hielo y otras superficies brillantes. Es un proceso similar a la forma en que se pueden ver las imágenes en un espejo. En tales fenómenos no se produce ningún rebote o reflexión de la luz. Aquí se muestra un ejemplo en que el agua del lago atenúa la luz recibida:

Cuando la luz incide sobre un panel fino de vidrio transparente: La mayor parte de la luz atraviesa el vidrio sin verse afectada. Eso sucede porque la energía de los fotones no es suficiente como para excitar los electrones de los átomos del vidrio. Pero aproximadamente un 5% de la luz es absorbida por el vidrio transparente y luego emitida en forma de luz incidente. Por eso sólo obtendrás una imagen muy tenue de tu cara si miras el vidrio transparente.

En resumen, cuando miramos a nuestro alrededor y vemos una multitud de cosas (árboles, automóviles, habitaciones, calles, personas, etc.) todo lo que vemos se deriva de la luz incidente. Es decir, estamos viendo luz que ha sido absorbida y luego emitida en forma de luz incidente.

Se estima que cuando miramos a nuestro alrededor, trillones de fotones entran a nuestros ojos cada segundo (aproximadamente un monto equivalente al número 1 seguido de 16 ceros). Muchos simplemente se disipan sin activar ningún color o imagen. Esa gran entrada de fotones es completamente normal e inocua, y así es como la especie humana ha evolucionado.

*

¿Tiene masa la luz?

En la física clásica, la masa se define en términos de su contenido de materia, y la materia se define como todo aquello que está compuesto de átomos. Por lo tanto, en última instancia, se dice que la masa está compuesta de átomos. Pero la luz no está compuesta de átomos, sino de fotones. Por lo tanto, se dice que la luz no tiene masa.

Existe mucha confusión sobre el tema, por lo que aquí se ofrece una aclaración adicional. En la física contemporánea se postula claramente que la luz no tiene masa. En otras palabras, los fotones que la componen se consideran partículas sin masa. El razonamiento es que la naturaleza electromagnética de los fotones es inherentemente sin masa al no estar compuestos de átomos. ¿Es así?

La respuesta es un sí rotundo: la luz no tiene masa, dado que, por definición, toda masa está compuesta de átomos. Otros tipos de partículas subatómicas también carecen de masa, en el sentido de que no tienen átomos.

Cuando se trata de la energía de la luz la cosa es distinta. Todos los fotones transportan energía electromagnética, y dicha energía proviene de sus fotones, no de nada relacionado con la masa. La energía electromagnética de la luz puede medirse con gran precisión.

¿Y cuál es la energía cinética de la luz (es decir, la energía de su movimiento)? La luz no tiene energía cinética porque no tiene masa. Por lo tanto, aunque la luz se mueve, no tiene energía cinética derivada de su movimiento. La energía cinética y la masa van de la mano. No se puede tener masa sin energía cinética, y viceversa.

Un gran enigma al que se enfrenta la relatividad de Einstein es el siguiente: si la luz no tiene masa, ¿cómo puede estar sujeta a la gravedad? La teoría general de la relatividad afirma categóricamente que la luz sí está sujeta a la gravedad.

La respuesta de los relativistas es que la energía electromagnética de la luz es lo que cae presa a la gravedad al ser atraída hacia el espacio-tiempo (la curvatura del espacio). Sin embargo, no hay evidencia de ello ni tampoco alguna explicación creíble de cómo exactamente el espacio-tiempo ejerce una fuerza de atracción sobre el electromagnetismo.

Cuando uno se pregunta si la luz tiene masa, la cuestión subyacente se trata de la gravedad. En física, todo lo que tiene masa está sujeto a la gravedad. Pero independientemente de cómo se defina la masa, es un hecho que las partículas subatómicas (estén o no compuestas de átomos) también están sujetas a la gravedad. Por ejemplo, los electrones no están compuestos de átomos, pero sin embargo sí están sujetos a la gravedad. De hecho, todas las partículas subatómicas conocidas, tengan o no tengan masa, están sujetas a la gravedad, pero excepto la luz.

La luz es la excepción por una sencilla razón: su movimiento. Cuando un fotón se mueve, el electromagnetismo intrínseco lo impulsa hacia adelante en ángulo recto. Por lo tanto, al oscilar su electromagnetismo, es impulsado hacia adelante en una dirección de propagación perpendicular. Como lo indica cualquier libro en la física, cada vez que el fotón oscila, se mueve hacia adelante en ángulo recto respecto a la dirección de transferencia de energía, en un movimiento que se conoce como vibración sinusoidal transversal. Por lo tanto, el fotón sólo puede moverse exactamente en línea recta, como se muestra en la siguiente imagen, y así no caer víctima a la gravedad.

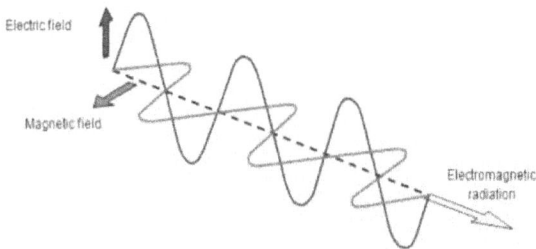

No hay evidencia de que la luz se mueva de otra forma que no sea transversal, o de que pueda curvar o cambiar su camino a otro ángulo.

Por eso la luz nunca puede cambiar de dirección ni desviarse, y por eso nunca puede ser víctima de la gravedad. Ese simple hecho significa que la luz no puede seguir alguna curvatura misteriosa del espacio-tiempo al pasar cerca de una estrella. Y significa que las lentes gravitacionales, los eclipses solares y otros fenómenos cósmicos no implican la curvatura de la luz, sino su refracción. También significa que la teoría de la relatividad general se desmorona por carecer de fundamento.

La razón por la que la luz se propaga en todas direcciones, ya sea siempre en línea recta, se debe a que toda luz proviene de los electrones mientras giran alrededor del núcleo del átomo. Por lo tanto, los electrones emiten fotones en todas direcciones mientras se mueven.

*

¿Puede la luz alguna vez curvar?

La luz nunca puede curvar bajo ninguna circunstancia como ya se explicó. Tampoco puede cambiar de dirección o de su ángulo de recorrido. Si estás en una habitación en forma de L y alguien ilumina una linterna a la vuelta de la esquina, verás la luz como resultado de la atenuación de luz que sale de todas las superficies circundantes (en ningún momento ha curvado la luz).

A continuación se dan tres ejemplos: (a) cables de fibra óptica, (b) refracción y (c) mito de la curvatura de la luz cósmica.

a) Cables de fibra óptica. Cuando la luz sigue los giros y vueltas de un cable de fibra óptica, nunca curva ni cambia su ángulo de recorrido. Aquí está la explicación.

La siguiente imagen, cortesía de howstuffworks.com, muestra un cable de fibra óptica:

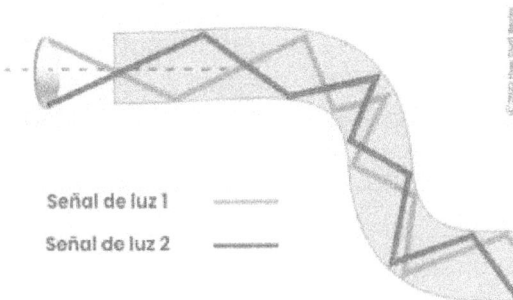

Señal de luz 1

Señal de luz 2

183

Nos limitaremos a explicar cómo viaja la luz a lo largo de un cable de fibra óptica, sin entrar en sus complejidades. Tomemos, por ejemplo, la señal de luz 2 en la imagen de arriba. Cuando la luz ingresa al cable, va en línea recta e incide en el lado interior del cable. Luego, dicha luz es absorbida por el cable y nueva luz incidente se emite hacia afuera (pero dentro del cable) a un mismo ángulo. Esa nueva luz incidente también va en línea recta y vuelve a incidir en el lado interior del cable más adelante, y así sucesivamente como se muestra en la imagen. Así es como la luz sigue las curvas del cable sin llegar a curvar.

Apreciarás que cada absorción y emisión ralentizará un poco la luz. Por lo tanto, la velocidad total (tiempo-de-viaje) de la luz que pasa a través de un cable de fibra óptica es un poco más lenta que la velocidad de la luz 'c'.

(b) Refracción. Hemos hablado de la luz incidente a fondo, y hemos dicho que el fenómeno de la luz incidente es causado por la refracción. En física, la refracción de la luz es la redirección de un fotón (causado por atenuación) cuando pasa de un medio a otro. Por lo tanto, la luz parece curvar o cambiar su ángulo cuando entra a un medio como el agua o el vidrio. La siguiente imagen muestra el caso:

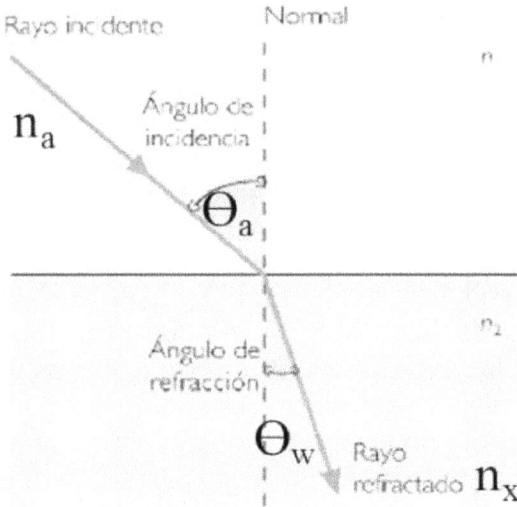

En esta imagen, cuando la luz incide a un medio como el agua, parece cambiar su ángulo de recorrido debido a la refracción. Tal fenómeno es bien conocido por la ciencia. Tan pronto que la luz entre al agua es refraccionada. Es decir que la luz es absorbida por los electrones dentro de las moléculas del agua, y luego tales electrones emiten luz incidente nueva (diferente), pero a un ángulo cambiado. Eso da la ilusión de que cuando la luz entró al agua cambió su ángulo, pero es solo una ilusión óptica.

Dado que el agua es un medio denso, el tiempo-de-viaje de la luz a través del agua se ralentizará. El cambio de velocidad es causado por la absorción y luego la emisión de luz incidente de los átomos en las moléculas de agua. Lo que sucede es que cuando la luz incide en el agua es absorbida por los átomos de las moléculas de agua. Y cuando las moléculas emiten luz incidente, esa luz incidente viaja a la siguiente molécula en su camino, y luego nuevamente la luz es absorbida, y así sucesivamente de molécula a molécula a través del agua.

Cuando el fotón es absorbido así, el electrón dentro de la molécula de agua gira 180 grados y emite luz incidente que continúa hasta la siguiente molécula, y así sucesivamente, asegurando una línea recta de viaje a través del agua. La explicación técnica del giro de 180 grados se dará dentro de poco.

La distancia entre las moléculas de agua es espacio vacío y tal distancia varía con el movimiento del agua, pero es muy pequeña (alrededor de un nanómetro más o menos). No obstante, la luz incidente viaja en el vacío a la siguiente molécula a la máxima velocidad constante de la luz.

Por tanto, cuando la luz viaja de molécula a molécula a través del agua, no es la misma luz. Cada vez que los electrones dentro de las moléculas de agua emiten luz, es una luz diferente, e increíblemente los electrones giran y envían la nueva luz en la misma dirección general de viaje. Hay que maravillarse ante la naturaleza majestuosa de la luz.

Entonces, dado a que la luz en el agua viaja de molécula a molécula, lo hace a la velocidad máxima de la luz c, entre moléculas. Pero el tiempo-de-viaje total de todo el rayo de luz que atraviesa el agua, de A hasta B, es más largo en comparación a un rayo de luz que recorre la misma distancia sin el obstáculo del agua. La atenuación (absorción/emisión) de la luz es lo que ralentiza su viaje por el agua. Por lo tanto, es preciso decir que los fotones de la luz viajan a la velocidad constante de 'c' en cualquier tipo de medio a menos que los fotones sean detenidos o absorbidos.

> **Los fotones de la luz siempre se mueven a la velocidad constante 'c', estén o no estén en algún medio como el agua**

No hay que confundir la velocidad de la luz con el tiempo-de-viaje de la luz. Lo primero se refiere a la velocidad de los fotones individuales a velocidad c. Lo segundo se refiere al tiempo que tarda un conjunto de fotones (un rayo de luz) en viajar de A hasta B.

¿Por qué se mueve la luz en línea recta dentro del agua?

La respuesta se debe a la gravedad, tal como lo explica la Ley de Snell. Los electrones están sujetos a la gravedad pero no es así con la luz. Cuando un electrón absorbe un fotón, el electrón sobre-energizado liberará un nuevo fotón. Pero al hacerlo, el fotón es liberado a un ángulo correspondiente a la 'fuerza normal'. Esa fuerza normal (o simplemente 'normal' en física) está gobernada por la gravedad. En breve, la normal ejerce una fuerza de gravedad sobre el electrón, lo que afecta la dirección de emisión del fotón.

Ya que los fotones no están sujetos a la gravedad, cuando son emitidos por electrones, continúan en línea recta en la dirección marcada por la emisión del electrón. Pero como el agua se mueve, cambia de temperatura y puede contener impurezas, la línea de viaje de la luz en su conjunto a través del agua (de principio a fin) normalmente no será del todo recta.

Entonces, en el caso de la luz que atraviesa el agua, cuando el electrón emite un fotón, tal fotón será emitido más o menos en la misma dirección del fotón absorbido. Técnicamente, la luz continúa recta en el agua después de entrar en ella porque el ángulo de incidencia es de 0 grados, lo que significa que el ángulo de refracción también es de 0 grados. Eso se explica más a fondo en Wikipedia.org bajo 'fuerza normal' y también bajo 'ley de Snell', por lo que no se repite aquí tales temas bien comprobados en la física.

Pero la teoría-ondulatoria-de-luz tiene una explicación diferente que dice lo siguiente: toda luz viaja en forma de ondas-de-luz (campos de fotones acoplados). Así, en el agua, los electrones emiten ondas-de-luz enteras en lugar de fotones individuales. Esas ondas-de-luz no viajan en línea recta dentro del agua, pero parecen hacerlo. ¿Por qué es así? Porque cuando las ondas-de-luz entran al agua, se dice que sus longitudes-de-onda se vuelven mucho más pequeñas. Es decir, sus oscilaciones electromagnéticas se ralentizan, dando la apariencia de ir en línea recta.

La teoría-ondulatoria-de-luz no niega enteramente la ley de refracción de Snell sino que lo cambia. Se postula una versión diferente a la Ley de Snell que se deriva de la teoría ondulatoria de Huygen. Eso establece que cada punto de la frente de una onda-de-luz es una fuente de ondas secundarias. La teoría ondulatoria de Huygens es en gran medida descartada en la física contemporánea porque no se explica cómo se produce la difracción o la polarización de la luz. La teoría de Huygens sigue siendo un concepto fundamental de la teoría-ondulatoria-de-luz, aunque nunca ha sido verificada, ni tiene fundamento, excepto para aquellos atrincherados en su teoría equivocada. En cambio, la veracidad de la Ley de Snell y de la 'fuerza normal' de gravedad ha sido verificada en innumerables experimentos.

(c) Mito de la curvatura de la luz cósmica. Al leer este libro sabemos que la luz siempre viaja en línea recta a través del cosmos, ya sea en forma de movimiento elipsoide vibratorio. Nuestro libro hermano, *La Teoría Final de Todo*, revela que el fenómeno conocido como 'lente gravitacional' es en realidad causado por la refracción y no por la gravedad. Incluso los objetos masivos como un cúmulo de galaxias no logran que la luz se curve ni cambie de dirección a su paso, como lo demuestran muchas observaciones astronómicas.

Pero ¿qué pasa cuando los astrónomos ven la misma estrella en dos lugares diferentes simultáneamente en el cielo nocturno? ¿No muestra eso que esa luz de las estrellas debe estar desviándose a una dirección diferente? Consideremos la siguiente imagen:

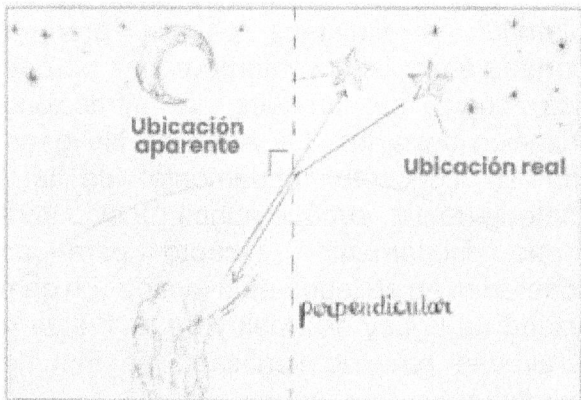

En esta imagen la misma estrella parece estar en dos ubicaciones diferentes simultáneamente. ¿Cómo se explica eso dado que la luz no puede curvar ni cambiar de dirección? He aquí la explicación. A medida que la luz procedente de la ubicación real se acerca a la Tierra, choca contra la atmósfera terrestre. Eso es similar a golpear el agua.

Cuando la luz estelar llega a la atmósfera, es absorbida y emitida (es decir es atenuada) en forma de luz incidente. Pero esa luz incidente es emitida a un ángulo más descendente hacia la perpendicular (la línea de puntos perpendiculares en la imagen). Eso es similar a cuando la luz incide en el agua y va atenuada hacia un ángulo más descendente.

A consecuencia, la luz estelar refractada llega a los ojos en forma de luz incidente. No es la misma luz estelar que simplemente cambió su ángulo de recorrido.

Así, cuando vemos la luz de las estrellas que nos llega, a veces puede parecer que proviene de otro lugar en el cielo (ver a la izquierda en la imagen), pero es una ilusión óptica. En ningún momento se produjo alguna desviación de la luz cósmica o cambio de dirección.

En resumen, los fotones sólo pueden viajar en línea recta, ya sea en forma de vibración **sinusoidal**. **Técnicamente eso se debe a que** los campos de electricidad y magnetismo del fotón oscilan a 90 grados en relación a su dirección de propagación. Y tal oscilación garantiza que la velocidad de la luz se mantenga constante sin disminuir ni acelerar.

Innumerables experimentos y proyectos de investigación demuestran que la luz sólo va en línea recta. Si la luz se viera afectada por la gravedad, aparecería como una línea curva en dichas investigaciones, pero no es así. *"La luz no sólo viaja en línea recta, sino que también viaja en línea recta a través de un medio determinado. Varias fuentes de evidencia de primera mano apuntan a la trayectoria*

191

recta de la luz" (fuente: Light Physics, 11-14, Viajando en línea recta, spark.iop.org).

*

¿La luz transporta información?

Sí, un rayo de luz efectivamente transporta información. Los fotones en sí no transportan información, pero una corriente o rayo de fotones enfáticamente sí transporta información, la cual se puede deducir de la frecuencia del rayo de luz. La frecuencia (es decir, los intervalos de tiempo o distancias entre fotones movedizos) determina el espectro de color aplicable a una corriente de fotones. Y el espectro de colores, a su vez, puede revelar información sobre ciertos elementos químicos y más. Veamos un ejemplo:

Supongamos que se recibe luz del planeta X situada en alguna parte de nuestra galaxia. Y supongamos que la frecuencia de luz incidente proveniente del planeta X nos indica la presencia de silicio. Eso significa que los fotones incidentes recibidos del planeta X al espectroscópico terrestre mostraron un espectro de colores correspondiente al silicio.

Cuando el planeta X atenúa la luz de su estrella cercana, muchos fotones incidentes son emitidos del suelo del planeta X y algunos llegan a nuestro planeta. Cuando se analiza tal luz en un espectroscópico se descubre que tiene un espectro de color relacionado con el silicio. Es decir que esa luz está diciendo que debajo del suelo en el planeta X hay silicio.

En resumen, los intervalos-de-tiempo (distancias reales físicas) entre los fotones movedizos que llegan del planeta X proporcionan una frecuencia determinada de los rayos de luz recibidos. Luego, esa frecuencia de luz se puede analizar para ver qué elementos corresponden con tal espectro de luz. Un estudio detallado de los espectros del planeta X también puede revelar si hay atmósfera u otros elementos además del silicio.

En este ejemplo, los fotones en sí no han transportado información. Tal información solo viene de la distancia física entre cada fotón en un rayo de luz. Con el uso de espectroscópicos potentes y computarizados se puede obtener mucha información de la luz incidente.

Si la luz no es incidente, como por ejemplo la luz no-polarizada de una estrella recibida directamente a la Tierra, pues no tendrá información. Entonces, si la luz recibida proviene directamente de la fuente en que se creó la luz (sin que nada se interponga en su camino), los espectroscópicos en la Tierra no podrán determinar ningún espectro de color, y no podrán extraer información.

Sin embargo, ni siquiera eso es del todo cierto. Algunos astrónomos y físicos están descubriendo nuevas formas de utilizar espectros de luz para su análisis. Han descubierto que la luz de cualquier fuente, ya sea una vela o una estrella, se compone de una combinación de longitudes de onda (frecuencias) dependiendo de qué átomos y moléculas emitieron la luz. Esa ciencia de espectroscopia permite a los astrónomos determinar qué elementos pueden estar presentes en una estrella determinada. Entonces resulta que la luz creada por una estrella puede incluir una mezcla de luz incidente y luz blanca no-polarizada, y de esa mezcla se podrá extraer información.

En nuestra vida diaria, todo lo que nos rodea está emitiendo continuamente muchos trillones de rayos incidentes en todas direcciones. Pero no vemos ni recibimos la mayor parte. Sólo vemos una parte de ello. Es decir, sólo vemos cosas cuando algunos de esos rayos de luz incidente llegan a nuestros ojos.

Por ejemplo, imagina que estás en un centro comercial. Poco a poco giras, mirando todo. En cualquier momento dado estarás mirando algo. En ese momento preciso muchos diferentes flujos de fotones incidentes vendrán hacia tus ojos desde los objetos que estás mirando.

Del mismo modo, toda parte de tu cuerpo y ropa están emitiendo continuamente billones de rayos incidentes a todas direcciones. Si no fuera así, nadie se podría ver.

El punto clave a entender es esto: los ojos reciben muchos rayos diferentes de fotones, y cada rayo tendrá un tiempo-de-viaje diferente. Ese tiempo-de-viaje diferente es una mezcla de distancias entre los fotones movedizos. Esa mezcla es efectivamente una receta de color. Entonces cuando el rayo de luz llega a los ojos el cerebro recibe la receta y nos hace ver el color y aspecto que estamos viendo en ese momento.

*

Cámara de video virtual

Dada la naturaleza fundamental de la luz revelada en este libro y dado el nivel actual de la ciencia espectroscópica, se ofrece la siguiente predicción:

Se predice que para el año 2030 o quizás antes será posible ver imágenes de video a todo color, con sonido y movimiento, procedentes de la superficie de cualquier planeta o estrella, por muy lejos que se encuentren. He aquí cómo tal predicción se llevará a cabo, impulsando una revolución científica y cosmológica (once puntos a continuación):

1. Una historia a contar. Miles de exoplanetas han sido identificados y cada uno tendrá su propia historia. En lo que sigue se revela una manera única de recibir luz incidente de tales exoplanetas. Con eso podremos explorar el cosmos de forma extraordinaria como nunca antes.

2. Una gran cantidad de información. Cada uno de los muchos millones de rayos incidentes que llegan a la Tierra tendrá una frecuencia diferente dependiendo de dónde se emitió la luz incidente. Muchos rayos incidentes diferentes pueden provenir de un mismo planeta o estrella, proporcionando así una gran cantidad de información.

3. Inteligencia artificial (IA). La espectroscopía futura será mucho más avanzada gracias a computadoras e inteligencia artificial muy capaz. Por

197

lo tanto, dichos espectroscópicos se combinarán con computadoras avanzadas e inteligencia artificial, dando una combinación muy poderosa capaz de analizar y compilar las diferentes frecuencias de luz incidente recibidas de casi cualquier planeta o estrella que se quiera.

"Los sistemas de IA proporcionan uno de los desarrollos potenciales más prometedores para el futuro de la espectroscopía molecular analítica, y se observa que los sistemas de IA presentan un conjunto de soluciones analíticas muy dinámicas" (fuente: Inteligencia artificial en espectroscopía analítica, Howard Mark, et al, Spectroscopy, vol 38, número 6, junio de 2023).

4. Cámara de video virtual. Tomando en cuenta los futuros avances en espectroscopía, es técnicamente probable que los millones de diferentes frecuencias de luz recibidas se puedan convertir a un panorama a todo color, tal como lo hacemos los humanos con nuestros ojos todos los días cuando miramos las cosas. Así, a través de una cámara de video virtual podremos ver cosas en planetas distantes a todo color y aspecto, como si estuviéramos parados en la superficie del planeta mirando a todo lado. Será una cámara de video virtual que se 'pondrá' en la superficie de cualquier planeta o estrella que nos envíe luz incidente.

5. Como una película. Los muchos millones de rayos incidentes llegando a la Tierra podrán ser compilados y convertidos a imágenes con movimiento. Esa es una ciencia bien comprendida dada la tecnología actual de vídeo y cinematografía digital. Será un pequeño paso aplicar esos conocimientos a los muchos millones de imágenes extraídas de la luz incidente recibida de un planeta determinado. Recordemos que los ojos humanos ya pueden procesar millones de frecuencias diferentes de luz para acabar viendo todo el color, movimiento y aspecto de las cosas que nos rodean. Estamos casi a punto de poder hacer lo mismo con espectroscópicos potentes a medida que su tecnología avance en el futuro.

6. Estrellas y planetas. Los astrónomos han identificado miles de exoplanetas y todos emiten luz incidente hacia la Tierra. Pero gran parte de esa luz incidente es ahogada por sus estrellas cercanas. Sin embargo, la tasa de detección de exoplanetas y su luz incidente está mejorando enormemente a medida que mejora la tecnología. No faltarán planetas distantes que podamos explorar, utilizando espectroscopía avanzada que nos brindará imágenes de video de alta definición de dichos planetas. Lo mismo ocurre con la luz de las estrellas: la luz incidente de las estrellas podrá ser analizada de la misma manera, mostrando la composición, la edad y otros factores de una estrella.

Para una definición de alta calidad, libre de distorsiones causadas por la atmósfera terrestre, se podrá colocar satélites a que actúen como estaciones repetidoras. Estas podrán recibir la luz incidente y adelantar tal luz a la tierra libre de distorsión atmosférica.

7. Sin barrera de distancia. Si sumamos todo lo dicho, se predice que para el año 2030 o antes podremos ver imágenes de vídeo completas como si tuviéramos una cámara de vídeo estacionada en la superficie de un planeta determinado. Si la luz incidente de un planeta que esté digamos a 100 años luz de distancia, significa que veremos escenas de video que ocurrieron en ese planeta hace 100 años. La distancia no será una barrera porque la luz incidente de ese planeta lejano ya llega continuamente a la Tierra.

8. Agregación de sonido. También se predica que será posible añadir sonido a las imágenes virtuales de video. No se sugiere que la luz incidente pueda de alguna manera grabar y transportar ondas de audio a la Tierra. Pero utilizando el ingenio de la IA y una tecnología informática muy potente será posible incorporar sonido a las imágenes de video mudas, dando un resultado sonoro muy realista a dichos videos. Eso nos dará un video virtual completo, llegando a la Tierra desde planetas a cualquier distancia.

Por ejemplo, ya es posible añadir sonido a las películas mudas, y el trabajo preliminar de añadir sonido a los esfuerzos científicos está en marcha. *"A menudo se piensa que la astronomía es una ciencia visual que produce imágenes impresionantes del cosmos, pero también es posible escucharlas"* (fuente: Patchen Barss, Cómo el sonido proporciona nuevas pistas sobre el Universo, octubre de 2023, bbc.com).

La tecnología avanzada podrá tomar pistas del video silencioso de un planeta lejano, como movimientos de polvo, cambios de paisaje, clima y cualquier tipo de movimiento, para añadir una banda sonora realista al video.

9. Una revolución en el descubrimiento cósmico. La tecnología de la espectroscopía futura, como se predice aquí, revolucionará la astronomía de maneras imprevistas y nos dirá cosas sobre otros planetas y estrellas que no podemos hacer hoy, ni siquiera con telescopios superpoderosos. La búsqueda de vida extraterrestre y el conocimiento de la evolución de otros planetas son apenas dos de las muchas cosas que nos quedan por descubrir.

10. Una película audiovisual a todo color. En resumen, la resolución óptica de alta calidad de las imágenes de videos virtuales se logrará con la combinación de inteligencia artificial y espectroscopía computarizada. El resultado final serán videos de planetas y estrellas distantes de alta calidad, a todo color, con sonido y movimiento, como si fuera una película cinematográfica. Y tales videos virtuales vendrán de la superficie de los planetas y estrellas como si estuviéramos parados allí. Es así porque la luz incidente proveniente de la superficie de los planetas y estrellas nos trae mucha información.

201

11. Un laboratorio a la espera. Los humanos tenemos la buena suerte de tener un sistema solar con varios planetas cercanos. Se estima que muchas estrellas no tienen planetas, o tienen uno o dos planetas como máximo. Menos del 20% de las estrellas tienen tres o más planetas.

Nuestro sistema solar es un laboratorio a la espera. Desde ya se puede aprovechar ese laboratorio para desarrollar, experimentar y afinar una cámara de video virtual. Tenemos a la mano una abundancia de luz incidente procedente de la Luna y los planetas cercanos. Los científicos pueden ensayar la colección y análisis de tal luz usando la última generación de espectroscopía computarizada, y así estar preparados para la instalación de cámaras virtuales de video en exoplanetas lejanos.

Esas cámaras de videos virtuales ya existen y ya están 'instaladas' en planetas y estrellas, y ya estamos recibiendo sus imágenes de video por medio de la luz incidente. Pero todavía no tenemos la capacidad de detectar y sacar esas imágenes de video integradas en los rayos de luz. Además la distancia no será barrera. Por ejemplo, si un planeta está a 50 años luz de distancia, podremos 'colocar' una cámara de video virtual en ese planeta lejano sin demora alguna porque los rayos de luz que llegan a la Tierra ya 'contienen' dichas grabaciones de video, aunque en este ejemplo, tal video será de cosas que sucedieron hace 50 años.

El uso de la espectroscopía en astronomía es un camino muy transitado y es por eso que no es descabellado predecir el desarrollo de cámaras de vídeo virtuales como se postula en este libro:

"La espectroscopía astronómica es el estudio de la astronomía utilizando las técnicas de la espectroscopía para medir el espectro de la radiación electromagnética, incluida la luz visible, ultravioleta, rayos X, infrarrojos y ondas de radio que irradian las estrellas y otros objetos en el cosmos. Un espectro [de color] estelar puede revelar muchas propiedades de las estrellas, como su composición química, temperatura, densidad, masa, distancia y luminosidad. La espectroscopía también se utiliza para estudiar las propiedades físicas de muchos otros tipos de objetos cósmicos, como planetas, nebulosas, galaxias y núcleos galácticos activos" (fuente: Espectroscopía astronómica, Wikipedia.org).

Se insta a la comunidad científica a asumir el desafío de desarrollar espectroscopía avanzada con el fin de dar al mundo la propuesta de cámaras de vídeo virtuales. Eso tiene el potencial de revolucionar nuestra comprensión y exploración del cosmos, probablemente más que cualquier otra cosa.

*

Búsqueda de extraterrestres

A continuación se revela cómo los científicos podrán encontrar vida extraterrestre en otros planetas, usando un procedimiento que revolucionará la exploración del cosmos y aumentará en gran medida el éxito de SETI (Búsqueda de Inteligencia ExtraTerrestre).

De hecho, se puede detectar la luz de planetas en otros sistemas solares, pero es un gran desafío. La luz incidente de la mayoría de los planetas más allá de nuestro sistema solar, conocidos como exoplanetas, es muy débil. Tal luz se pierde en la luz solar de su estrella más cercana.

A raíz de eso los astrónomos usan métodos indirectos, como el 'método de tránsito' o el 'método de la velocidad radial' para detectar la presencia de exoplanetas. El método de tránsito implica observar la ligera atenuación de la luz de una estrella cuando un exoplaneta pasa frente a ella, mientras que el método de velocidad radial mide las pequeñas oscilaciones en el movimiento de una estrella causadas por el efecto gravitacional de un planeta en órbita. Esos métodos han permitido la detección de miles de exoplanetas, pero ver o detectar la luz de esos planetas sigue siendo un desafío tecnológico muy difícil de superar.

Incluso los mejores telescopios disponibles no logran ver o detectar alguna luz que venga de los

205

exoplanetas. Pero existe una solución alternativa llamada astrometría. Se trata de seguir el movimiento de una estrella mediante mediciones precisas. Utilizando la astrometría, se pueden encontrar exoplanetas midiendo pequeños cambios en la posición de la estrella mientras se tambalea alrededor de su centro de masa. La diferencia entre los métodos de velocidad radial y las medidas de astrometría es cómo se puede descubrir la existencia de exoplanetas.

Los planetas son mucho menos masivos que las estrellas, pero aun así ejercen gravedad. Cuando los planetas afectan gravitacionalmente a las estrellas, hacen que las estrellas se muevan (se tambalean) ligeramente. Técnicamente, el centro de masa de una estrella, llamado baricentro, se ve ligeramente afectado por un planeta en órbita. Instrumentos astronómicos en la Tierra pueden medir ese movimiento de oscilación con mucha precisión, y los astrónomos pueden inferir que uno o más planetas deben estar orbitando su estrella.

No hay falta de exoplanetas esperando a ser descubiertos por científicos utilizando el método de astrometría mencionado. En promedio, se estima que hay al menos un planeta por cada estrella de la galaxia. Eso significa que hay algo del orden de miles de millones de planetas sólo en nuestra galaxia, muchos de ellos del tamaño de la Tierra. Así que vivimos en tiempos muy interesantes, con todas las posibilidades de descubrir vida extraterrestre, ya sea vida inteligente o no.

Pero los cosmólogos enfrentan un gran problema. Aunque la astrometría permite a los científicos descubrir exoplanetas, ¿entonces qué? ¿Cómo podemos saber si un exoplaneta determinado tiene algún tipo de vida? Tal problema aparentemente intratable ha impedido en gran medida la búsqueda exitosa de vida extraterrestre. Y ha impedido en gran medida que SETI (la Búsqueda de Inteligencia ExtraTerrestre) tenga éxito. Si de alguna manera pudiéramos determinar la probabilidad de vida en cualquier exoplaneta determinado, los cosmólogos (y SETI) podrían centrarse en dicho exoplaneta.

Al reducir considerablemente el rango de la búsqueda, aumentaría enormemente las posibilidades de encontrar vida extraterrestre. Entonces, dado que los científicos han encontrado miles de exoplanetas, ¿cómo podemos 'seleccionar' los exoplanetas que muestran la mayor promesa de tener vida? Eso se revela a continuación.

La siguiente imagen muestra un planeta orbitando una estrella. Cuando el planeta pasa por la cara de la estrella que mira hacia la Tierra, significa que 'en ese momento' el planeta está 'entre' su estrella y nuestro planeta Tierra. Es un momento de transmisión espectroscópica (en inglés: Transmission Spectroscopy). Pero ese 'momento de tiempo' puede durar meses. Recuerda que la Tierra tarda seis meses en girar la mitad de vuelta al Sol:

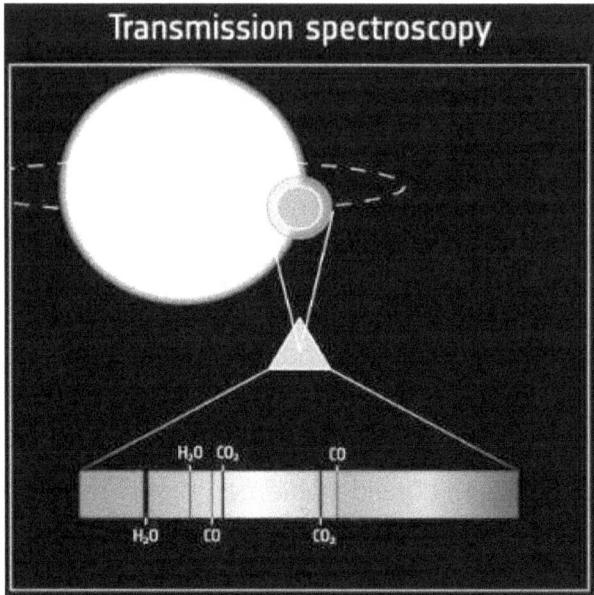

Transmission spectroscopy

Mientras un exoplaneta gira alrededor de su estrella local y se posiciona 'entre' la estrella y la Tierra, los científicos tendrán tiempo suficiente para aplicar el método BET (**B**úsqueda de **Extraterrestres**).

Entonces a continuación, el método BET se describe paso a paso, la cual requiere el uso de la mencionada cámara de video virtual más el proceso de los seis pasos siguientes.

Método BET (Búsqueda de **E**xtra**T**errestre**)**

Paso 1. Determinar el exoplaneta. Utilizando astrometría bien establecida, el primer paso es elegir un exoplaneta preferido habiendo determinado su presencia alrededor de una estrella en particular.

208

Paso 2. Capturar la luz estelar. Paso dos es capturar la luz de la estrella y enviarla a un espectroscópico. Si la estrella puede verse a través de telescopios en la Tierra, significa que la luz de esa estrella ya está llegando continuamente a la Tierra desde hace mucho tiempo. Como se mencionó, una estación repetidora de satélite podría recibir tal luz para que sea trasladada a la Tierra libre de interferencias atmosféricas.

Paso 3. Separación de luz incidente. El tercer paso es analizar la luz estelar mediante la mencionada espectroscopía avanzada. Tal espectroscopía será capaz de separar cualquier presencia de luz incidente del exoplaneta para su análisis detallado.

La luz estelar es principalmente luz no-polarizada (incoherente). Tal luz está bien conocida e investigada en la ciencia. Mientras que la luz incidente es principalmente luz polarizada. Por lo tanto, un espectroscópico computarizado podrá fácilmente filtrar (ignorar) la luz no-polarizada y enfocarse en la luz polarizada (luz incidente). La tecnología para hacer eso ya existe:

"Se puede utilizar un modulador de luz espacial para modular... el haz de luz incidente. Gracias a la difracción, los espectros de la parte coherente e incoherente se separan espacialmente en el plano retro focal de una lente" (fuente: Xiang Li, et al, Separación de luz coherente e incoherente mediante

el uso de vórtice óptico y su proyección en modo espacial, Optical Communications, Tomo 527, 2023).

Paso 4. Análisis de la luz incidente. La mencionada luz incidente habrá sido creada por luz difractada que llega a la Tierra desde detrás del exoplaneta. Al leer este libro, sabrás que la luz difractada es luz que proviene detrás de un objeto, pasando por el horizonte o borde y continuando hacia adelante. Así es como vemos un eclipse por ejemplo: la luz del sol llega desde detrás de la luna a ser difractada alrededor de los bordes de la luna. Aquí otra vez se muestra una imagen de difracción:

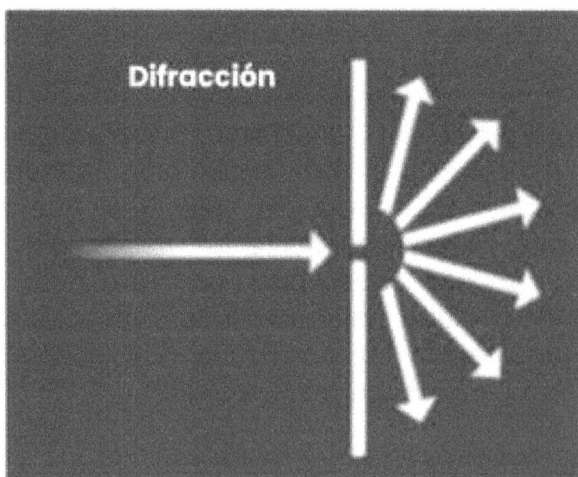

El fenómeno de la difracción de luz es bien conocido en la física óptica: cualquier fotón que llegue al horizonte (labio, filo o borde) de un objeto será absorbido y luego emitido a todas direcciones al otro lado del horizonte o borde. Tal luz no ha curvado o cambiado de dirección en ningún momento. Con difracción los fotones salen disparados en todas direcciones, siempre en líneas rectas. Tal fenómeno se explica más a fondo en la llamada Ley de Snell.

La siguiente imagen muestra la difracción en acción. Si la difracción no fuera un hecho, no podríamos ver la luz incidente que llega a nuestros ojos o telescopios a través del horizonte de un objeto:

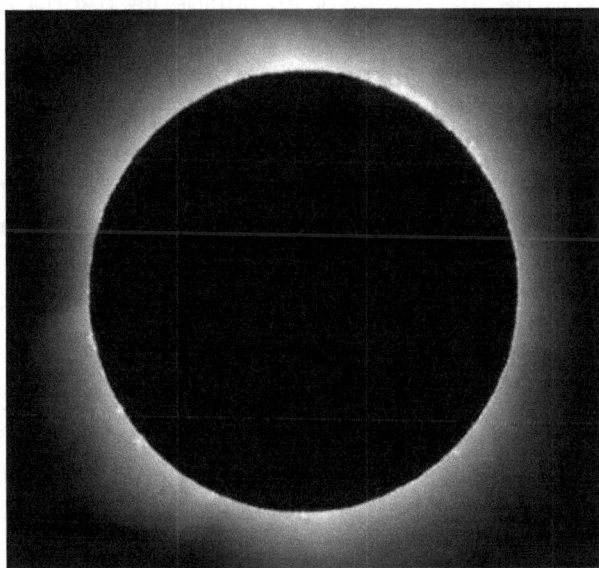

Entonces regresando a nuestro exoplaneta, la luz estelar incidirá sobre la cara del exoplaneta en órbita, pero *por detrás* del exoplaneta desde nuestro punto de vista. Luego, parte de esa luz se difracta alrededor del borde circular del planeta y continuará su camino hacia la Tierra en forma de luz incidente.

Si tal luz es observada por un telescopio potente, sin duda cualquier luz incidente quedará ahogada por la luz estelar que al mismo tiempo también llega a la Tierra. Entonces una mezcla de luz estelar y luz incidente es lo que recibimos. Y como ya se mencionó, se podrá separar la luz incidente (luz polarizada) para su análisis.

Paso 5. Distancia sin barreras. La mencionada mezcla de luz estelar y luz incidente habría estado llegando a la Tierra de forma continua durante muchos años. Entonces, cuando se elige un exoplaneta determinado como primer paso en el método BET, no tenemos que esperar a que la luz incidente del exoplaneta llegue a la Tierra, pues ya ha llegado. Simplemente nos sumergimos en el rayo de luz continuo de vez en cuando hasta que nuestro espectroscópico haya detectado un elemento de luz incidente mezclado entre la luz estelar.

Si el rayo de luz no tiene luz incidente, significa que el exoplaneta no estaba a este lado de la estrella cuando se emitió dicha luz (por supuesto será el caso el 50% del tiempo). Si efectivamente se detecta luz incidente, significa que el exoplaneta estaba a este lado de la estrella cuando los rayos de luz incidente comenzaron su viaje hacia la Tierra.

La mencionada luz incidente pudo haber tardado, digamos, 100 años luz en llegar a la Tierra. Pero la luz incidente nos proporcionará una grabación de cámara de video virtual sin demora, aunque nos mostrará el exoplaneta de tal como era hace cien años. Eso significa que la distancia del exoplaneta no es barrera; podría estar a mil años luz de distancia pero como su luz ya está llegando a la Tierra significa que la cámara de video virtual de ese lejano exoplaneta ya está disponible.

Paso 6. Implementación de la cámara. El paso final de este método BET es 'colocar' una cámara de video virtual en el exoplaneta elegido para brindarnos grabaciones de video tal como si hubiera una cámara de video real y físico, estacionada en la superficie del exoplaneta. Eso nos dirá, más que cualquier otra cosa, si hay vida extraterrestre, ya sea vida inteligente o no.

El método BET de 6 pasos descrito aquí está destinado a revolucionar por completo la exploración del Universo por parte de la humanidad y aumentar enormemente las posibilidades de encontrar vida extraterrestre. Y quién sabe, podría ser que extraterrestres muy inteligentes a miles de años-luz de distancia ya tengan su cámara de video virtual desplegada en nuestro planeta, dándoles así una vista de la Tierra de cómo era hace miles de años.

A medida que el método BET revele buenas señales de vida biológica en algún exoplaneta que está, digamos, a mil años-luz de distancia, eso significa que hoy (mil años después) ese exoplaneta podría estar albergando vida inteligente. Eso sirve de pista para que SETI, por ejemplo, pueda enfocar su búsqueda de vida extraterrestre con más éxito.

Millones de exoplanetas ya están emitiendo su luz incidente hacia la Tierra y, de esos millones, los astrónomos ya han identificado miles de exoplanetas específicos utilizando principalmente la astrometría bien establecida. La aplicación del método BET significa que tenemos miles de exoplanetas esperando a ser explorados mediante cámaras de vídeo virtuales.

Como ya se mencionó, las grabaciones de video de esos exoplanetas ya están llegando continuamente a la Tierra en forma de rayos de luz. Pero nuestro nivel de ciencia espectroscópica aún no es capaz de captar esas grabaciones de video virtuales 'integradas' en la luz incidente de los rayos. Pronto, los científicos podrán ver grabaciones de vídeo completas (con sonido, movimiento y color) de prácticamente cualquier exoplaneta elegido, por muy lejos que esté.

Desafortunadamente, el gran malentendido de la luz descrito en este libro ha servido sólo para impedir el avance de la exploración cósmica y la búsqueda de vida extraterrestre. Es así porque tal malentendido está muy arraigado en la física contemporánea; eso impulsa la investigación científica a ir por vías ciegas y callejones sin salida. Se espera que este libro ayude a corregir esa situación.

Por ejemplo, si te preguntas: *¿por qué no se ha desarrollado aún una cámara de video virtual?* La respuesta es muy simple. La teoría general de relatividad (GR) de Einstein todavía está muy

214

arraigada en la física contemporánea. GR postula que la luz cae presa a la gravedad. Por lo tanto, el fenómeno de difracción mencionado en el paso 4 de BET anterior no ocurre en cuanto a GR. En resumen, la teoría GR significa que cualquier luz estelar que incide sobre un exoplaneta por detrás (y así curvar alrededor del exoplaneta para avanzar hacia la Tierra) no sería luz incidente - sería la misma luz estelar que siguió un camino curvo en su camino hacia la Tierra.

Así pues, ninguna cámara de video virtual sería factible a base de la teoría GR porque ninguna luz incidente del exoplaneta llegaría a la Tierra. Es un buen ejemplo de cómo la relatividad Einsteniana está frenando la ciencia y por qué no se ha considerado la viabilidad o el concepto de una cámara de video virtual.

El mensaje a llevar a casa: La luz es un fenómeno maravilloso e inspirador que está en el corazón de la creación de nuestro Universo. La luz viaja a 300 millones de metros por segundo, siempre en línea recta. Nunca cambia de velocidad, nunca curva ni cambia de dirección, y nunca rebota ni se refleja en las cosas. Cuando la luz incide en algo, es cambiada o destruida, y nueva luz es emitida que lo reemplaza.

La luz puede informarnos sobre la composición de las estrellas y los planetas, entre sus muchas hazañas increíbles, y un día pronto la luz nos ayudará a descubrir vida extraterrestre. Se espera que este libro ayude a galvanizar nuestra comprensión y exploración del cosmos como nunca antes.

(Mensaje del autor ⇨)

*

Mensaje del autor

Gracias por leer la *Teoría final de la luz y búsqueda de extraterrestres*. Si te gustó el libro, por favor deja una breve reseña en el sitio de compra del libro electrónico o físico. Para cualquier otro comentario, pues será muy apreciado, ya que ayudará a mejorar y actualizar futuras ediciones. Para ello, mi correo electrónico es: mailto@deliveredonline.com (por favor poner **solo el título** del libro en el encabezado del correo electrónico para estar seguro que lo vea). Para informar a otros sobre este libro se pueden dirigir a www.deliveredonline.com o simplemente buscar el título en internet.

Russell Eaton, autor.

(Otro libro por el mismo autor →)

*

Teoría Final de Todo
(Final Theory of Everything)

FINAL
THEORY
—— OF ——
EVERYTHING
The Astonishing Universe

RUSSELL EATON

Este libro revela por primera vez una nueva 'teoría del todo' para explicar cómo están vinculados todos los aspectos del universo y por qué el universo es como es. Por lo pronto el libro

219

solo está disponible en inglés.

El santo grial de los cosmólogos es encontrar una teoría maestra que proporcione un marco teórico coherente y real. Que explique y vincule todos los aspectos del universo. Este libro revela precisamente eso: una gran teoría de unificación que reúne las cuatro fuerzas de la naturaleza (gravedad, electromagnetismo, y las fuerzas nucleares fuerte y débil) bajo una sola fuerza maestra.

A través del libro, muchos conceptos espurios y erróneos sobre el Universo salen a la luz. Por ejemplo, el libro revela por qué las llamadas 'materia oscura' y 'energía oscura' no existen y son innecesarias en el universo. También se resuelven otros misterios: qué es lo que mantiene unidas a las galaxias, qué realmente hay en el fondo de los agujeros negros, qué exactamente causa la gravedad de lo grande y, por fin, se revela la verdadera naturaleza de la gravedad cuántica.

Al saber cómo funciona la gravedad tanto como para lo grande y para lo pequeño, se revela una teoría unificadora que está destinada a transformar dramáticamente la astrofísica. Por supuesto que no significará el fin de la astrofísica contemporánea, pero ciertamente cambiará muchas cosas en la física y en la ciencia en general, y conducirá a nuevos e interesantes descubrimientos en el universo.

Es un libro para todos, y especialmente para científicos y físicos: para cualquiera que quiera saber más sobre nuestro asombroso Universo y el mundo que habitamos.

La *Teoría Final de Todo* (Final Theory of Everything), del autor Russell Eaton, está disponible internacionalmente en forma de libro electrónico o físico. Por lo pronto la publicación sólo está disponible en inglés. Para mayor información por favor visite: www.deliveredonline.com o simplemente haga una búsqueda del título en inglés en Internet.

*

Biografía del autor

Russell Eaton es británico y autor de varios libros de no-ficción, principalmente relacionados con la salud y el bienestar. Con un apasionado interés por la cosmología, sus libros *Teoría Final de Todo* y *Teoría Final de la Luz* son sus obras principales.

Ha vivido en el Reino Unido y en Ecuador, dividiendo su tiempo entre los dos países y a veces metiéndose en aprietos por ello. Russell Eaton ha viajado a muchos lados y mantiene su interés en todas y cada una de las maravillas del mundo y el Universo.

Dice: *"Siempre debemos procurar erradicar la intolerancia y los prejuicios de la ciencia, y siempre debemos estar en guardia cuando influencias tan perniciosas llamen a la puerta".*

***

223

www.ingramcontent.com/pod-product-compliance
Lightning Source LLC
Chambersburg PA
CBHW072343090426
42741CB00012B/2905